2020
中国园林古建筑精品工程项目集

《筑苑》理事会 编

中国建材工业出版社

图书在版编目(CIP)数据

2020中国园林古建筑精品工程项目集 / 《筑苑》理事会编. -- 北京 : 中国建材工业出版社, 2020.10
ISBN 978-7-5160-3058-5

Ⅰ. ①2… Ⅱ. ①筑… Ⅲ. ①古典园林-园林建筑-案例-汇编-中国 Ⅳ. ①TU986.4

中国版本图书馆CIP数据核字(2020)第174620号

内 容 简 介

本书由25个中国园林古建筑精品工程项目案例组成。书中对每个精品工程的工程概况、工程理念、工程的重点及难点，以及新技术、新材料、新工艺的应用等做了详细阐述，客观介绍了目前我国园林古建筑领域在设计理念、施工技术以及创新做法等方面的先进经验，对业界同行具有很好的示范意义和参考价值。

本书可作为园林工程、古建筑工程领域政府部门、企事业单位的管理人员、设计人员、施工人员、技术人员等的参考书，也可以作为本科和高职院校园林古建类专业师生的教学参考资料。

2020中国园林古建筑精品工程项目集
2020 Zhongguo Yuanlin Gujianzhu Jingpin Gongcheng Xiangmuji
《筑苑》理事会 编

出版发行：中国建材工业出版社
地　　址：北京市海淀区三里河路1号
邮　　编：100044
经　　销：全国各地新华书店
印　　刷：北京天恒嘉业印刷有限公司
开　　本：889mm×1194mm　1/16
印　　张：13
字　　数：240千字
版　　次：2020年10月第1版
印　　次：2020年10月第1次
定　　价：200.00元

本社网址：www. jccbs. com，微信公众号：zgjcgycbs

#《2020中国园林古建筑精品工程项目集》编委会

评审专家组：

商自福　张东林　梁宝富　吴世雄　王乃海　佟令玫　章　曲

编　委（按姓氏笔画排序）：

于会莲　王　超　王凯峰　王盼盼　邓黎东　卢永忠　史瑞琳
朱宇晖　伍泳杰　华鹏飞　刘　冰　刘　涛　刘海燕　关　杰
孙　飞　麦志衡　李　丽　李井东　李东红　李新谱　杨升超
杨忠伟　杨振华　肖　勇　吴　强　岑柳成　余　练　张远环
陈冬霞　陈红霞　陈星星　邵福进　金啸彦　周晓国　郑晓義
赵　颖　胡　超　洪淑媛　袁　逸　袁　强　殷云芳　郭　征
郭明明　容　程　黄敏欢　曹　军　曹宝珑　辜少忠　曾　超
谢林勇　谢彩凤　蔡栋捷　蔡福兰

前言 foreword

生态文明建设是中国特色社会主义事业的重要内容，关系人民福祉，关乎民族未来，事关“两个一百年”奋斗目标和中华民族伟大复兴中国梦的实现。党的十九大报告中也指出，加快生态文明体制改革，建设美丽中国。我们既要创造更多物质财富和精神财富以满足人民日益增长的美好生活需要，也要提供更多优质生态产品以满足人民日益增长的优美生态环境需要。

园林景观是生态文明的重要载体之一，园林建筑、园林植物造景、园林铺装、园林小品等可为人们营造高品质的居住环境和公共活动空间，提高人民的幸福指数。古建筑的雕梁画栋、油漆彩画、工艺做法，展现了中华优秀传统文化的魅力，是实现文化传承与发展的重要途径。为加快实现我国园林古建行业高质量发展，鼓励企业及社会各界对园林古建领域的关注和投入，提升园林古建行业整体发展水平，中国建材工业出版社《筑苑》理事会从 2018 年开始举办中国园林古建筑精品工程征集活动。

2020 年注定是不平凡的一年，随着国内新冠肺炎疫情防控取得阶段性成果，我国园林古建行业努力克服疫情带来的不利影响，有序复工复产，持续不断发展。中国建材工业出版社《筑苑》理事会积极作为，组织了第 3 届园林古建筑精品工程征集活动，得到了理事会广大成员单位的积极响应，成员单位共申报工程项目 50 余项，根据征集活动办法，《筑苑》理事会共筛选出 25 个符合申报要求的项目进入专家评审环节。评审采取现场评审和场外评审两种方式，通过现场专家评议、场外专家审核，专家参照申报标准进行综合打分，顺利通过评审的项目入编本次出版的《2020中国园林古建筑精品工程项目集》，面向全国发行。

入编本书的精品工程项目涉及园林工程、古建筑工程、美丽乡村建设、海绵城市建设、生态环境修复等多个方面，无论是设计水平还是施工水平，都具有一定的典型性和示范性，其中很多工程在当地省市荣获过优秀园林、古建工程奖。书中对每个精品工程的工程概况、工程理念、工程的重点及难点，以及新技术、新材料、新工艺的应用等做了详细阐述，客观介绍了目前我国园林古建筑领域在设计理念、施工技术以及创新做法等方面的先进经验，对业界同行具有很好的示范意义和参考价值。

优秀的园林古建筑精品工程不仅为人们营造了宜居的生活环境和优雅的人文氛围，而且还是中华优秀传统文化继承与发展的生动体现，代表着传承与发展、精益求精的工匠精神，以创先争优的鲜明导向激发园林古建行业高质量发展的信心和动力。希望本书的出版能够为广大同行提供借鉴与参考，也期待更多园林古建企业创造出更多优秀、经典的工程项目，共同推动我国园林古建筑行业高质量发展迈上新台阶。

编者

2020年9月

目录 contents

天峦湖花园项目二期园林景观工程

——深圳市绿雅生态发展有限公司

设计单位：深圳市赛瑞景观工程设计有限公司
施工单位：深圳市绿雅生态发展有限公司
工程地点：广东省深圳市坪山区大山陂水库东南侧
项目工期：2017 年 5 月—2019 年 8 月
建设规模：20 万平方米（其中总绿化面积 42807 平方米）
工程造价：2287.48 万元
本文作者：刘海燕　深圳市绿雅生态发展有限公司　常务副总经理

HISTORIC BUILDING GARDEN

图 1　“原生态之境”园林景观

图 2　“原生态之境”全景鸟瞰图

图 3　法式建筑遇上流线弯曲的水池，别有一番风景

图 4　360° 全方位的功能空间与交流平台，衔接与联动自然而巧妙

一、工程概况

天峦湖花园项目二期园林景观工程地处深圳市坪山区大山陂水库东南侧，东邻南坪快速路，北靠马峦山郊野公园，西面大山陂水库。天峦湖花园是一个山水资源大盘，具有绿色地产开发理念，本项目结合地域、气候等因素，打造符合生态、经济、社会三位一体的可持续发展要求的绿色住区，打造坪山新区的高档豪宅，凸显优质生活品质（图 1 ～图 20）。本工程总绿化面积 42807 平方米，工期长 820 日历天。

图 5　地面色彩鲜艳的曲线装饰带动轻松快乐的氛围

图 6　在此喝茶话家常，享受高品质生活

图 7　平静如镜的水面上，映漾四周的美景

园林景观是天峦湖花园的点睛之作。天峦湖，依托于稀缺的山水资源，在原生地貌中提炼出人文的精神，赋予生活多彩的可能性与舒适感；在水天一色中，映照城市光华的流转。小隐隐于林，大隐隐于市。坐拥一山、三湖、四公园的湖山资源，树立了深圳湖山住宅典范。山间溪谷纵横，俨然一座天然氧吧。近水楼台看花、观瀑、沉浸山水之间，美不胜收！本项目将天峦湖花园整体打造成一个法式风情小镇，近拥欧式园林入怀，远眺湖光山色，让每一扇窗都最大限度享受风景，让人处处感受着大自然的拥戴，如在画中。

一山三湖，将生态的自然之美诠释得分外迷人。通过巧妙的借景手法，将小区周边马峦山郊野公园、大山陂水库和荔林公园的自然、山水、人文景观等生态环境与小区景观融为一体，营造园中园、大中小嵌入式整体性园林景观。天峦湖花园打造出以篮

图 8　俯瞰景观与园外荔枝林融为一体，郁郁葱葱，宛如置身世外桃源

图 9　悠闲的园路小径旁，散布的座椅，充满悠闲自得的气息

图 10　充满优雅时尚感的艺术廊架

图 11　微红的汀步小径配以繁密的绿植，令人清新而舒心

图 12　绿树繁茂，沐浴阳光，得一凉亭

图 13　丰富的植物掩映着水面

图 14　自然清新的草坪与廊架

球、高尔夫、儿童乐园、老年人活动场所、音乐广场、水景广场、七彩水池、七彩花阶、阳光草坪等为主的4万平方米的运动休闲公园，运动休闲之余，还为人们提供了游览、观赏的艺术空间。深圳南坪山水美宅轴线之上，马峦山下，大山陂水库旁，沿着湖光山色的指引，人们见证了一座山水生态大城的崛起。

图 15　自然的种植及果岭景观

图 16　梦幻水池

图 17　由亭内往外望，亭子成了天然画框，将美景框在眼前，融于园中，自成一景

图 18　水池与周围景观融为一体，自然宜人

二、工程理念

本项目的特点是在景观构造上以生态学理论为指导，遵循生态优先等原则，以再现自然、改善和维持小区生态平衡为宗旨，设计施工渗透海绵城市功能理念，充分考虑居民享用绿地的需求，建设人工生态植物群落。在树种的搭配上，既要满足生物学特性，又要考虑绿化景观效果，绿化与美化相结合，树立植物造景的观念，创造出安静和优美的人居环境。

图 19　利用起伏较大的地形条件，以现代设计手法提取弯曲流线，蓝色马赛克为水池锦上添花

施工单位将自主知识产权新型园林灌溉装置、生态湿地植物培养架应用到工程项目中，围绕海绵城市展开设计施工。随着城市居住用地面积的不断增加，城市自然地表被居住区域的不透水硬质材料替代，雨水自然下渗、净化和收集面临很大挑战。住宅区的景观用地应考虑结合海绵城市设计方法，在有限的绿化面积里，采用下渗、滞留、净化的策略，缓解城市居住区洪涝灾害。为此，本项目根据海绵城市设计理念，因地制宜，通过雨水系统整体设计，赋予地块内绿地景观与生态系统服务功能，有效降低雨水径流污染，通过雨水净化及循环利用处理，达到《建筑与小区雨水控制及利用工程技术规范》（GB 50400—2016）中关于雨水回用的水质要求，作为绿地浇洒和水景用水。同时，采用新型园林灌溉和生态湿地植物培养技术促进景观植物的有效生长，提升了整体美化效果。

图 20　休闲漫步道，自然而巧妙

三、工程的重点及难点

本项目采用雨水收集技术、雨水滞留技术、雨水回用技术以及雨水渗透技术，赋予地块内绿地景观与生态系统服务功能，将小区景观与周边一山三湖的自然、山水、人文景观等生态环境融为一体，营造园中园、大中小嵌入式整体性园林景观。

本项目的景观设计恰到好处地弱化了硬朗的建筑线条，并伴随不同的时间与角度而不断变化，带来尺度宜人的舒适空间。以现代设计手法提取弯曲流线，景墙立面形成山峦起伏之势，细小的灯光被精密有致地安装在光滑圆润的石头饰面中，居者伴随令人心旷神怡的风景拾级而上进入小区，使人们的一切压力与烦扰得以释放。

四、新技术、新材料、新工艺的应用

天峦湖花园二期作为高端住宅区，为凸显品质，对园林景观的要求非常高，这就要求施工单位在选材、工艺、特殊景观的处理上都要下功夫。以下是本项目的新技术、新材料及新工艺的应用情况。

1. 新技术

（1）海绵城市是指城市能够像海绵一样，在适应环境变化和应对自然灾害等方面具有良好“弹性”，下雨时吸水、蓄水、渗水、净水，需要时将蓄存水“释放”并加以利用。海绵城市建设将自然途径与人工措施相结合，最大限度实现雨水在城市区域积存、渗透和净化，提高雨水资源化水平，保护生态环境。本项目中采用源头加末端综合控制调节，最大化解决小区自身雨水径流控制问题，使其满足海绵城市考核指标。且遵循自然本体条件，设施位置选择建筑物周边绿化灌木、乔木区域，尽量不破坏自然本体条件。施工单位结合小区绿地和景观水体设计了生物滞留设施、渗井和雨水等。屋顶采取雨水管断接和设置集水井等方式将屋面雨水断接并引入周边绿地内小型滞留池或通过植草沟、雨水管渠将雨水引入场地内的集中调蓄设施。另外，道路路面排水也采用生态排水的方式。材料也是径流雨水水质的重要影响因素，本项目在这一块使用了新型仿石环保透水砖，将海绵城市这一理念渗透到本项目的方方面面。

（2）提高苗木成活率，节约投资成本。

① ABT-3 生根粉：采用 ABT-3 生根粉，对常绿针叶树种及名贵难生根树种的快速生根、提高成活率具有明显效果。

② KD-1 型保水剂：采用 KD-1 型保水剂，加强了土壤的储水保水能力，提高苗木的成活率。

③抽枝宝：抽枝宝是当前果树栽培中最新技术成果，特别对较名贵树种但又抽枝困难的苗木，有明显促枝效果，在园林树木移植中也可使用。

④微喷应用：为了提高移植树木成活率、降低成本，在树冠部位均匀布设微喷，喷头可结合喷灌的安装，预留出微喷装置。

2. 新工艺

（1）根据以往水体出现泛碱现象的经验总结，对水体部位的铺装材料做了防泛碱处理，主要如下。

① 石板安装前在石材背面和侧面涂刷专用处理剂，该溶剂将渗入石材堵塞毛细管，使水、$Ca(OH)_2$、盐等物质无法侵入，切断了泛碱现象的途径。

② 在石材板底涂刷树脂胶，再贴化纤丝网格布，形成抗拉防水层，切不可忘记在侧面做涂刷处理。

③ 在铺贴好的完成面上再均匀涂刷两遍，杜绝出现拼接缝隙的泛碱现象。

（2）不同色调马赛克为各节点锦上添花，看似低调的马赛克对工艺要求较高，一旦疏忽就容易出现表面不平整，分格缝、砖缝不匀、不直的质量问题，故其施工工艺要严格按照以下步骤进行。

① 基层处理：使用定型组合钢模板现浇的混凝土面层，光滑平整，因附着有脱模剂，易使粘贴发生空鼓脱落，可用 10% 浓度的碱溶液刷洗，然后用 1 ∶ 1 水泥砂浆刮 2 ～ 3 毫米厚腻子灰一遍。为增加粘结力，腻子灰中可掺水泥质量 3% ～ 5% 的乳液或适量 107 胶。

② 中层处理：中层抹灰必须具备一定强度，而不能用软底铺贴。因为马赛克要用拍板拍压赶缝，如果中层无强度，会造成表面不平整。

③ 拌和灰浆：结合层水泥浆水灰比以 0.32 ∶ 1 为最佳，但施工时有可能不是集中调制，而是用人工在工作面手工拌和，其水灰比较易控制。在拌和前除了交待理论水灰比和体积配合比外，还要强调“不稀稍稠”。

④ 撕纸清洗：施工中的清洗是最重要的一道工序，因为马赛克粗糙多孔，而水泥浆又无孔不入。如果撕纸、清洗不及时、不干净，会使马赛克表面层非常脏。若待以后再来返工，就几乎不可能拭干净，即使用钢丝刷也刷不净。

⑤ 滴水线粘贴：窗台板马赛克应低于窗框，并还应将马赛克塞进窗框一点。缝隙用水泥砂浆勾联，勾缝也不能超过窗框，使雨水向外墙排泄。若锦砖高于窗框，缝隙即会渗水，并沿着内墙面流出。

3. 新材料：新型仿石环保透水砖

天峦湖花园在海绵城市设计理念下，在材料的功能性选择上也是与之相配套。新型仿石环保透水砖的透水原理是“破坏水的表面张力”，采用“高频微振挤压成型”技术，从而制作出的一种新型生态建材。解决了“透水与强度”“透水与保水”和“透水与过滤净化”相矛盾的三大难题。它表面有仿花岗岩、仿大理石纹、仿石材效果，能够美化周边生活环境。

功能优势：

（1）变废为宝，化害为利——将废弃材料合理利用。

（2）节能环保——成型过程免烧结。

（3）耐磨防滑——表面光洁、防滑，独特的砖体结构和独特的铺装结构，使得铺装后的砖体与地气相通，且具备优异的透水性以实现好的防滑、防水浸效果。

（4）生态友好——无放射毒副作用，集雨水收集、过滤和净化于一体，有效改善城市人居环境。

（5）循环再生——将有限资源无限化。

性能特点：

（1）高透水性——该透水砖具有高透水性，透水速率≥ 2cm/s，可实现快速渗水。

（2）高保水性——仿石透水砖自身 15% ～ 20% 的孔隙率，保水率≥ 0.06g/cm^3，结合透水铺装层实现滞水、蓄水、净水等功能。

（3）长时效性——表面光滑质密，不易被灰尘堵塞，通过添加超亲水材料实现快速渗水，解决了传统透水材料靠大孔隙渗水而被灰尘堵塞和透水系数衰减的难题，透水时效长，易维护。

（4）耐老化性——主要力学粘结剂为无机粘结剂，耐老化时间长，避免了使用有机粘结剂面层耐老化能力弱、易脱落等问题。

（5）高装饰性——以仿石材系列为主，拥有色彩优化的配比方案，可满足不同环境和个性需求。

华为产品研发园项目北区景观绿化分包工程Ⅱ标段

——朗迪景观建造（深圳）有限公司

HISTORIC BUILDING GARDEN

设计单位：普利斯设计咨询（上海）有限公司/棕榈设计有限公司
施工单位：朗迪景观建造（深圳）有限公司
工程地点：广东省深圳市龙岗区坂田冲之大道华为技术有限公司K区
项目工期：2017年4月18日—2018年8月31日
建设规模：3.1万平方米
工程造价：1270万元

本文作者：陈冬霞　朗迪景观建造（深圳）有限公司　副总经理
伍泳杰　朗迪景观建造（深圳）有限公司　项目经理

图1　溪流的起源处，草丛花瓣遍布驳岸，整体布局融洽，自然宜人

一、工程概况

本工程位于广东省深圳市龙岗区坂田华为基地 K 区，总占地面积约 9 万平方米，为华为产品研发园北区景观绿化分包工程。本工程场地东侧隔居里夫人大道为华为小区，南侧为隆平路，西侧隔冲之大道为华为基地 G 区，北侧隔稼先路为华为基地 J 区培训中心。本合同范围为地块北边绿化景观、东侧溪流景观、西侧园林绿化，主要是由北向南的溪流及其周边绿化组成，南北长约 320 米，东西宽约 260 米，为主楼西面的绿地。本项目施工总面积约 3.1 万平方米，工程造价 1270 万元。具体施工内容包括约 300 米长的溪流景观及 150 米长的景墙；四条总长约 500 米景墙及约 200 米的铁艺围墙；建筑物四周围绕隐形消防车道；园路、铺装及草坪、乔灌木种植等工程（图 1 ～图 20）。

华为是一家世界知名的企业，本工程能够在该企业的核心区域营造出一个美丽而又让业主满意的环境，使公司的知名度和美誉度得到了更大提升。整个工程都是围绕着溪流为主题来营造一个宛如大自然的环境，高低茂盛的乔灌木，配上和谐的水生植物，末端是天然巨石垒成的瀑布，主楼前是一个约 1100 平方米的果岭草坪，配上绚丽的灯饰，堪比公园一角，形成了一道亮丽的风景线，得到了业主的好评，取得了良好的经济效益和社会效益。

图 2　平静如镜的水面，荡漾着明媚的诗情画意，湖水慢慢流淌

图 3　根据地形，设计建成宛若天成的林间小溪

二、工程理念

本工程的设计理念是在园区内营造一个宛如自然的环境，让繁忙的科研工作者在园区内就能得到一个大自然的休闲空间。本工程档次高，追求卓越的景观效果，风格独特，追求精良品质。施工单位重视设计与施工的结合，经反复研究，制定最优方案。因此，本工程将二次深化设计作为首要工作，依靠丰富的实际经验，将施工与设计结合，通过对比筛选，不断地优化，最终达到符合设计意图及让业主满意的园林景观绿化效果。

三、工程的重点及难点

本工程规模大，建筑标准档次较高，施工后期多个专业交叉施工，具有一定的施工重点、难点，必须采取针对性的措施，分述如下。

图 4　从室内通往溪流景区的园路，配搭融洽的绿化景观

图 5　溪流旁边的小憩去处，绿荫汀步，自在宜人，以人为本

图 6　大乔木高密度的种植，将外界噪声阻隔，给研发园创造一个宁静的环境

图 7　溪流、水洼、水生植物与周边环境过渡自然，相映成趣

图 10　河滩的缩影，仿如天然的河流，处理恰当，与景墙相映成辉

图 8　宁静自在的流水，轻轻地流淌，水生植物衬托出大自然的景象

图 9　溪流旁边的草坪、地被植物与灌木，自然的驳岸，搭配合理，过渡自然，相得益彰

1. 绿化效果的控制

本工程景观绿化具有多样性、综合性、整体性，都要严密组织、仔细施工，否则影响整体效果，如大树、溪流、饰面、乔木灌木、水电端设施、灯光等。为此，我们采取了以下措施。

（1）做好深化设计，通过深化设计，理解设计意图；通过与建筑师、设计顾问的沟通及协调，使得方案更加完善，为施工打下良好基础。

（2）发挥样板区的作用，通过实际对比，选择最佳方案。

（3）加强与设计师之间沟通，为此，配备具有与境外建筑师、设计顾问沟通及协调经验的香港设计师，负责本项目的深化设计。

2. 硬质施工控制

硬质施工的工程质量控制，是本工程的一个重点，也是一个难点，特别是有多个施工单位交叉作业，应采取以下应对措施。

（1）在选材的环节，严格按照物料的报审

图 11　欧式风格建筑，门前点缀单颗苍翠的大树，仿如一个站岗的卫兵

图 12　与门口连接的亲水平台，平静如镜的水面，走出门口，倍感舒心

图 13　根据地形，偶尔出现以草地为基底、灌木造型、大树为基点的景观，简洁明了

图 14　绿茵的果岭草草坪，摆设着休闲的座椅，带给人美好享受

图 15　简洁的草坪点缀乔木造型，宁静悠然，仿如大自然间的小溪

流程，提供样板，在获得业主及建筑师批准之后方可采购。

（2）加强施工过程的监控，处理好接缝、异形切割等问题（深化设计 / 放样），基层要牢固，预防下沉及断裂。

（3）加强施工过程及完成后的成品保护工作，预先规划施工场地移交、封闭等，采取设置警戒、围挡，保护成品质量，防止交叉施工导致的破坏。

3. 大树移植

大树对于景观的效果不可代替。大树栽培，要解决两个主要问题，一是栽培后的绿化效果；二是如何保证成活。因为根据目前的施工进展，预估场地移交时间已经是夏天，为此，应采取以下措施。

（1）调整及优化施工场地移交的时间节点，提前进行大树的移植，这样，大树运输环节被削弱的枝叶，在移植后有了一定的时间来恢复，绿化效果则能够在短期内得以体现。

（2）要达到上述要求，必须制定可

图 16　园区西门入口，路面的排水采用了公司自有专利技术

图 17　汀步的缝间种满草皮，使草坪连成一体，配以柔和的灯光，创造出一个舒心的环境

图 18　悠闲的园路小径旁，在美丽的草坪上配置层次分明的大小乔木和灌木

图 19　层次分明的乔灌木丛中隐藏着地下除虫器（公司自有专利），使植物更加健康地生长

行的施工进度计划。同时，要求总承包施工单位，妥善及合理地安排施工场地，提前移交与大树移植相关的区域。

（3）在确认移植苗木位置可施工时间后，提前 20 ～ 30 日在苗圃进行苗木土球打包，断根控水处理。

（4）为了保证大树成活，也需要提前移植，最佳时机在 1—3 月，将反季节施工的数量降低到最低限度。

（5）选树时严格要求保护好土球，并采取保护措施，防止其在运输过程中破损。

（6）合理安排移植大树，提前和其他专业施工单位进行协调，安排好机具设备，专人管理，保证移植的时间控制在合理范围，同时，注意重心的控制。

（7）种植前对土壤进行改良，采用颗粒状

图 20　小水潭后面蕴藏着一口巨大的暗井，通过大排量的自动循环系统，将水泵回溪流的起源

塘泥、泥炭土等按一定比例进行改良。

（8）种植穴排水处理，种植穴底铺陶粒，周边埋设透水管。

（9）种植完成后，用杉木条或专用钢材做防护支撑。

（10）加强大树移植的养护，专人挂牌负责。

4. 溪流专项

本工程的重点是溪流的营造，长度为210米的溪流基底要用钢筋混凝土做垫层，全部覆盖天然的大小卵石，水流靠大排量的循环系统支持，溪流末端是一个瀑布景观。溪流周边是高低起伏的丘陵状造型，配种大乔木、灌木、草皮，多处地方配置了自动喷灌系统，整个片区就像大自然里的一角。

溪流景石摆放的位置与周围环境效果是否协调一致，小桥流水，景色宜人，既依赖建筑师杰出构思，也要求在施工时，根据既往施工经验，多方案、多变化、不同角度对比，通过实地调整，达到预期效果。另外，溪流超长底板混凝土的施工，以及容易出现的漏水现象，也是施工的重点，应对措施如下。

（1）事先做几套效果图，进行对比、筛选，选择最优方案。

（2）在施工现场，景石多放几个位置，从不同角度进行实地对比及调整，以配合建筑师选景，进而确定最佳方案。

（3）充分发挥在华为溪流项目的施工经验，配备原班人马前来施工。

（4）专人负责，配备施工过溪流并具有丰富实践经验的管理人员，专项管理。

（5）加强施工质量控制，做好防水、试水，防止渗漏。

（6）对于超长混凝土底板，除按设计要求设置后浇带外，还要采取有效措施，连续施工，一气呵成，以保证其整体性。

5. 反季节施工

按照目前的工程进展推算，本工程建设后期的绿化施工将进入炎热的夏天，植物成活是本工程施工中的一大难点。反季节施工应对措施如下。

（1）选用上等的苗木。

（2）苗木运输过程中做好保护，特别是根系原土。

（3）合理安排计划，配备足够的设备及人员，最大限度地缩短移植过程的时间。

（4）根据现场条件及植物的习性，某些成活率低的苗木可以先种植，某些大树可以提前种植。

（5）及时向业主、总承包商提出种植建议，统筹安排及平衡，以保证绿化效果。

6. 大型设备施工路线规划

由于本工程规模大，多个专业交叉施工，场地的移交及利用问题、吊装的范围问题、可能的施工障碍等，均需要提前有相应的预案。因此也需要预先规划好大型设备的施工路线，保证大树移植等相关作业的顺利进行。

7. 交叉施工及成品的保护

本工程施工单位有几十个，交叉作业无处不在，合理安排场地是本工程的一个难点，采取了以下对应措施。

（1）根据业主、监理批准的进度计划，合理分区域、分阶段地进行施工。

（2）在保证本项目进度的条件下，为其他施工单位提供方便。

（3）根据进度计划，在劳动力和机具配备方面，提前做好安排，一旦有场地，即在保证施工质量的前提下，突击施工。

（4）专人负责成品保护，对已完工的范围，必须设置警戒线，必要时设置围挡。

（5）严格执行本项目有关成品保护的制度，对损坏景观及植物的行为，进行处罚。

8. BIM 管理

BIM 是一项新的管理技术，为保证本工程的顺利开展，公司安排专业人员专门负责 BIM 管理，并适当地利用 BIM 技术体现 3D 效果，同时保证项目管理的信息传递畅通无阻，保证工程技术资料的完整和及时更新。

四、新技术、新材料、新工艺的应用

1. 公司自有专利的使用

（1）一种路面排水结构。

专利权人：朗迪景观建造（深圳）有限公司；专利号：ZL 201621282835.1；类型：使用新型专利；应用：现有路面排水集水井，包括盖板及漏水板，缺点在于当水流量较大时排水缓慢，公司对此进行了改良，扩大了排水口的整体面积，保证了排水效率，同时由于每个排水口的宽度并不大，挡污板具有较好的挡污性。

（2）一种土壤改良结构。

专利权人：朗迪景观建造（深圳）有限公司；专利号：ZL 20162128476.0；类型：使用新型专利；应用：此技术专门针对改良土壤结构，由下到上依次包括底肥层、沸石层、黑土层及松针层，根据本工程种植地方的土壤情况用于土壤改造，以提高植物生长能力。

（3）一种用于绿化养护的除虫装置。

专利权人：朗迪景观建造（深圳）有限公司；专利号：ZL 20162128072.9；类型：使用

新型专利；应用：此技术为植物除虫装置，包括外管体、置于外管体内的管套、插装在所属管套上并且带有杀虫药剂的管芯、固定在外管体端部上的土盖以及与所述土盖扣接的封闭盖；本装置的除虫药剂置于管内并且埋于地下，既环保又不会对人体健康产生影响。

2. 施工管理方面新技术的使用

（1）采用 P6 软件，控制及管理施工进度计划，效果较好。P6 是集项目进度计划编制、动态控制、资源管理和费用控制于一身的综合进度计划管理软件，其应用体现了企业的综合管理水平。但是在实际应用中，P6 的强大功能并没有得到全部的利用，如成本管理、部门协作等方面，有待于进一步发挥。

（2）利用 GPS RTK 卫星定位放线，减少了各专业交叉施工的影响，特别是解决了通视问题，提高了效率，保证了工程质量。园林绿化施工在建设过程的后期，施工过程中的干扰及影响很多，用传统方法测量放线，费力费时，作为测量手段，GPS RTK 有明显优势，值得推广，但需留意复杂环境下的信号影响。

（3）在机电地下管线施工中作为试点，引入 BIM 软件，为以后的应用打下了基础。

3. 其他行业新技术的应用

（1）水资源循环利用技术，应用于溪流及瀑布等部位，节约用水。

（2）绿化区地下采用软式透水管，有效加强苗木生长势头，提高绿化效果质量。

4. 施工工艺方面的改善

（1）利用混凝土真空吸水技术，提高混凝土基层强度，加快了施工进度，也提高了混凝土的耐久性，保证了工程质量。

（2）对施工工艺进行改进，如尽量使用原土，加大树穴尺寸，遮阳等。

5. 采用节约环保型材料

在材料方面，就地取材，节约环保，如采用本地植物、天然鹅卵石等。

6. 关键技术研究

本公司作为广东理工学院的实习基地，有关大树移植的关键技术，我们联合学院的专家，就提高成活率，在积累的实际经验的基础上，进行相关的研究工作，取得初步成果。

江夏区黄家湖大道城市地下综合管廊及同步道路提升改造工程景观绿化工程

——武汉农尚环境股份有限公司

设计单位：深圳市翰博景观及建筑规划设计有限公司

施工单位：武汉农尚环境股份有限公司

工程地点：湖北省武汉市大桥新区黄家湖大道

项目工期：2017年10月13日—2018年8月9日

建设规模：312112.95平方米

工程造价：26581.36万元

本文作者：蔡栋捷 武汉农尚环境股份有限公司 工程部副经理
余 练 武汉农尚环境股份有限公司 技术负责人
华鹏飞 武汉农尚环境股份有限公司 成本经理

图1 园路景石设计

图 2　雨水花园设计

图 3　花境层次设计

一、工程概况

江夏区黄家湖大道城市地下综合管廊及同步道路提升改造工程景观绿化项目位于武汉市大桥新区黄家湖大道，北起洪山区与江夏区交界，南至金龙大道交叉口，路线全长 8.0 千米，含道路两侧分车带与两侧各约 20 米的隙地，规划总宽度为 100 米，该工程合同总造价 26581.36 万元，建设总面积 312112.95 平方米，其中绿化面积 197578 平方米（图 1～图 20）。

图 4　蜿蜒小路边景

本工程主要施工内容包括绿化工程、园建工程、景观园路、景观给排水、景观照明等。其中包含 20 米隙地乔木 10041 株，灌木 4668 株，地被 108887 平方米，草坪 45766 平方米，雨水花园 23593.7 平方米，绿道 20941.25 平方米，雨水收集管 62365 米，侧分带乔木 4084 株，地被 7311 平方米，草坪 35614 平方米。

图 5　旱溪及园林小景设计 1

图 6　旱溪及园林小景设计 2

图 7　旱溪及园林小景设计 3

图 8　休闲仿木廊架 1

图 9　休闲仿木廊架 2

图 10　塑胶走道中心不规则草坪种植设计

图 11　蜿蜒小路绿植花卉边景

图 12　园路景石设计 1

图 13　园路景石设计 2

二、工程理念

本工程以雨水花园景观为主，集雨水利用及景观效果于一体，打造自然的生态环境，有效收集滞留雨水，缓解雨水径流量，降低城市洪涝灾害。在绿化种植上，乔木以法桐与香樟为骨架，地被以常绿草坪为基底，以鸢尾、玉簪等宿根花卉为亮点，打造简洁大气的绿化空间。隙地端头处点植乌桕、三角枫、朴树等特色树种，配以景石、木本花境、红枫等加以丰富，人行道施工采用透水结构，保证排水通畅。

三、工程的重点及难点

本工程量大，施工工序需要合理安排，确保按期完工。本标段线路较长，不便于管理，是该项目的难点。工程项目单一，便于全面展开施工，点多线长，现场与中建三局、五局等单位交叉施工，工期紧，行道树标准高且数量多为本工程特点。

针对本项目线路长、不便管理、多点交叉施工、工期紧、行道树标准高且数量多等重、难点问题，我公司合理配备了专业素质及施工

图 14　休闲石笼坐凳

图 15　乔、灌木搭配种植区域

图 17　廊架边景石搭配

图 16　蜿蜒园路灌木边景

图 18　不规则庭院汀步设计

技术优秀的施工班组，采取以下措施进行专门施工，确保项目在施工进程中得以顺畅推进。

1. 搭建三级施工管理体系，强化核心项目管理团队

针对本标段线路长不便管理和多点交叉施工的难点，满足项目施工管理需要，建立公司、项目部、作业队三级施工管理体系，安排优秀、精干、有丰富施工经验的施工人员成立黄家湖项目部，并赋予项目部相应的责、权、利。

核心项目管理团队中项目经理具备建筑工程专业高级工程师资格，具有丰富的园林景观工程的现场管理经验，常年在我公司担任园林景观项目的项目经理，项目技术负责人具有丰富的园林工程现场施工经验，其余管理人员也均为年富力强、经验丰富、具有较高学历的员工。

2. 制订切实可行的技术及施工组织方案，确保按期完工

（1）项目部组成专职部门与设计一对一沟通，确保设计与施工无缝对接，设计理论、创意与实际施工技术相结合，熟悉现场情况，避免闭门造车，实现设计愿景，从而保证设计意图能完美体现，达到甲方的景观效果要求。

（2）在施工前制订切实可行的技术及组织方案，对施工强度较大、时间紧的项目，施工安排合理。投入充足的机械设备、周转材料及劳动力，合理布设工作面，适当增加材料供应渠道，保证工程按时优质完成。

（3）配齐劳务，选用优秀的多支专业施工队伍，做足技术准备工作，充分利用时间、空间，一次成活，一次成优。

（4）做好各种材料、物资的用量计划及各种机具设备的供应贮存安排，在施工前安排物资人员提前落实各种物资、材料、设备货源以及施工现场进料、贮存地点、入场时间以及分期供应方式，保证施工中各工种、专业连续均衡施工的需要。主要材料及外加工成品、半成品，采用场外提前预制和现场拼装，及时与生产加工厂家沟通，避免影响工期。

四、新技术、新材料、新工艺的应用

1. 高水位（积水）区苗木栽植技术

日常工程服务中经常碰到苗木栽植区地下水位高或经常积水等情况发生，导致此区域的苗木经常烂根、长势不良甚至死亡。高水位（积水）区苗木栽植技术通过换填砂、碎石、陶粒，设置排水管、盲沟、透气管等措施，检验效果，使苗木成活率得到了保证，苗木生长良好。

采用的相关专利有：一种用于土壤改良的排水装置（专利号：ZL 201220409189.6），一种用于在水泥或沥青的大面积铺装地面下的树盘通气的装置（专利号：ZL 201220430250.5）。

2. 武汉市雨水花园构建技术

雨水花园集雨水利用及景观效果于一体，是一种生态高效的雨水措施，它不仅是众多生态基础设施中的一种，同时也作为雨洪处理的始发点。本技术围绕地形塑造、结构改良及植物配置三个方面，能够有效收集滞留雨水，缓解雨水径流量，降低城市洪涝灾害。

采用的相关专利有：一种用于处理低势绿地地形高低差的装置（专利号：ZL 201520693359.1），一种生态型道路雨水径流处理装置（专利号：ZL 201721391761.X），一种用于面源污染的电化学修复装置（专利号：ZL 201820722938.8），一种具有分区灌溉功能的雨水花园系统（专利号：ZL 201820725361.6），一种适用于下沉式绿地旁人行道的截污排水系统（专利号：ZL 201921463707.0）。

五、结语

本项目点多线长，全面展开施工，现场与中建三局、五局等单位交叉作业，工期紧、行道树标准高且数量多，不便于管理，通过建立公司、项目部、作业队三级施工管理体系，制订切实可行的技术及施工组织方案确保项目顺利完工。

施工过程中，严格按照施工图施工，符合现行的国家相关行业的技术规范及质量验收

图 19　灌木、花卉搭配小景

图 20　骑行道拐角及道路两侧乔木种植设计

评定标准。在工程施工质量方面，实行各级质检、工序交接、技术复核及隐蔽验收工作。各工序施工及时通过了报检申请，监理工程师审核和验收签字后，方可进行下道工序施工。在材料质量控制方面，材料复核设计施工图要求和合同要求，材料进场通过验收合格进行报检，经监理工程师核查后进行抽样送检，符合见证取样、送检要求，检验合格后，方投入使用。

本绿化栽植工程质量控制资料完整、有效，观感质量好，并通过业主、监理、质量监督部门验收合格标准，不存在质量问题。经过各方努力，现已投入使用，发挥了其应有的社会和人文效益。

龙池街环境改造工程施工

——常熟古建园林股份有限公司

HISTORIC BUILDING GARDEN

设计单位：苏州园林设计院有限公司
施工单位：常熟古建园林股份有限公司
工程地点：安徽省滁州市琅琊区
项目工期：2016 年 8 月 1 日—2017 年 7 月 31 日
建设规模：17 万平方米（其中绿化面积 144320 平方米，古建面积 5100 平方米）
工程造价：9309.76 万元

本文作者：袁　逸　常熟古建园林股份有限公司　研发专员
邓黎东　常熟古建园林股份有限公司　项目技术负责人

图 1　太仆寺牌坊及周边园林

图 2　太仆寺鸟瞰

图 3　御碑亭鸟瞰

图 4　太仆寺照壁 1

图 5　太仆寺照壁 2

一、工程概况

琅琊山东麓、丰乐亭以南，依托“明文化”为主线的龙池街景区将恢复南太仆寺、柏子灵湫及周边建筑，重现龙池古街景观，并与北面丰乐亭公园有机联系起来，组成一个整体融入琅琊山风景区，成为滁州又一个具有深厚历史文化底蕴，集观光旅游、文化展览、文化休闲于一体的综合性绿色板块。

龙池街改造工程（图 1 ～图 20）位于滁州市琅琊区，通过公开招标、资格预审的招标方式优选了全国 8 家顶级园林古建施工单位，并于 2016 年 6 月 12 日顺利完成招标，中标单位为常熟古建园林股份有限公司。该工程中标价约 9300 万元，工期 365 天，一期占地面积为 17 万平方米，主要建设内容为太仆寺景区、柏子灵湫景区、柏子灵湫及周边建筑。建设单位为滁州市重点工程建设管理局，设计单位为苏州园林设计院有限公司，勘察单位为冶金工业部华东勘察基础工程总公司，监理单位为南京风景园林工程监理有限公司和江苏山水环境建设集团有限公司。工程施工时间为2016年8月1日至2017年7月31日，在2017年8月17日竣工验收合格。

图6　太仆寺正堂

二、工程理念

现位于龙池街中心的南京太仆寺是整个改造的核心建筑，总建筑面积4500平方米。南京太仆寺的建筑格局呈中轴线建筑，总体是一个方形，建筑结构整齐，构成多重回字形院落。中轴建筑按照照壁、大门、二门、正堂、栖云楼递进的方式建设。进入大门是一条走廊，周边建筑有环山楼、司马神庙、牌坊、饮马池，另外还有30多处石刻，院落中装饰风格统一，灰砖墙壁配深褐色木质门窗廊柱和精巧细致的石雕装饰，使建筑古朴恢弘的同时又不失精细活泼之感。

图7　太仆寺栖云楼

图8　太仆寺石雕

图 9　太仆寺牌坊

图 10　太仆寺环山楼

图 11　太仆寺前廊

图 12　太仆寺连廊

图 13　太仆寺连廊屋顶

图 14　太仆寺休憩亭

图 15　太仆寺拴马桩

立于南京太仆寺南大门前的牌坊，采用“不出头式”四柱三间的混凝土与木结构相结合的形式，其使建筑出檐深远，更显雄伟大方。中间额枋有“南京太仆寺”五个大字，体现出其在明文化中的深厚底蕴。

通过乔木、灌木、草本植物的搭配组合构建景观，最大限度地发挥自然美，造就美丽画面。利用植物的特点提升园林的艺术效果，创造意境，改善环境。植物的布局保证疏密错落，而且能够与周边景观相互影响，树木要成稀疏分布，植物的树冠线也应当高低错落、丰富多变。在空间表现上更加丰富，空间延伸性好。

三、工程的重点及难点

1. 墙体工程

（1）硬山墙。

硬山墙的墙体在砌筑时，墙体外侧将边贴各柱封砌于墙内，其内侧须放出柱中心线 1

图 16　太仆寺斗拱

图 17　御碑亭俯视

图 18　御碑亭正立面

图 19　御碑亭屋顶及飞檐

寸，以增强墙柱之间的连接。

硬山墙的垛头分为上、中、下三个部分，其上部挑出，以承檐口，中部称墙身，下部为勒脚。垛头之长以勒脚缩进阶沿外口 1 ～ 2 寸为宜，但最长不得超出阶沿外口。垛头之高，以屋面檐口之高作为总高，其上部挑出部分占总高的 15% 左右。

（2）半窗外墙。

半窗外墙的厚与檐墙相同，一般为一砖及以上。半窗外墙，砌至半窗下槛底部。由于外墙半窗为外开，窗的下楹装于下槛外侧，故半窗外墙的内侧与下槛内侧相平，其外侧依墙厚，一端与山墙垛头内侧相交，另一端须过廊柱中心线 1 寸，半墙顶部于下槛之底，常设细面砖作为装饰，面砖挑出外侧墙面 3 ～ 4 厘米。

2. 装修

（1）栏杆。

栏杆为半栏时，栏杆之脚料与盖梃、二料、下料之间均须做双出榫连接，其中与盖梃间做掀皮合脚，二料、下料间做实叉。

栏杆心仔料之间，直角相交时，其正面做合角，用于出榫连接；丁字形相交时，其正面，混面者做虚叉，平面者做实叉，用出榫或深半榫连接；十字形相交时，应做敲交，其深度互为 1/2 料深，正面做合巴嘴。若是阴阳条相交，直角时做万合脚（即非 45° 相交之合角）。

（2）长窗。

外开长窗的下槛不设铲口，槛面做成

琴面，而于窗扇对开的中缝部位开回风，相应的边梃下端留短走头，短走头长 3 分～ 0.5 寸，略小于所开回风的深度。内开长窗之下槛须开铲口，并于窗扇之中缝处开回风，边梃下端留长走头，长走头长约 1 寸。

为了有利于避雨，外开长窗安装时，其内心仔以及夹堂板、裙板之装饰面均内向，玻璃装于心仔外侧，玻璃用木制压条及铁钉固定，压条之宽同边条看面，其深应低于边梃面。外开长窗自中夹堂以下须做外裙板。裙板拼缝做高低缝，并用竹钉相连，裙板上端做板头榫，与中夹堂之上横头料底面连接，裙板下端较下横头料以下之外露长度为 1 ～ 1.5 寸。

3. 屋面工程

（1）筒瓦屋面的铺设。

厅堂底瓦采用大瓦，瓦盖采用 12 寸筒瓦，楞距为 21 ～ 23 厘米。筒瓦搭接底瓦每侧不得小于 2/5 盖瓦宽，底瓦楞的水路也应为 1/3 底瓦宽。具体步骤如下。

① 砌山墙，形成屋面弧线。

在屋面木基层安装结束后，先将两侧山墙砌至木椽面，上砌飞砖二皮，依屋面提栈砌出屋面弧度。在金柱处应稍低，步柱处可稍高，而檐头则须翘起，从而形成一条两头高、中间低的屋面弧线。

② 木基层上铺设望砖。

先于檐口处设面沿，再在屋面木基层上铺设望砖，每根桁条上设置勒望一道，为了防止望砖下滑，并使望砖横向整齐划一，安装时，宽度不满一块的望砖称为“找望”，找望须设在每界望砖的最顶端。

③ 分楞、划线、安装瓦口板。

在屋面上部，先铺灰、找平，弹出屋面开间方向的中线，该中线须与屋面沿口及屋脊线相垂直。根据中线，再分楞、划线，即排瓦档。分档时应注意，两侧边楞及正中一愣均须为盖瓦，瓦档距一般为 24 ～ 25 厘米。

④ 做边楞，对老瓦头。

根据瓦档线，在屋脊两边分别安装一定长度的底瓦楞与盖瓦楞。老瓦头的长度以不影响砌筑屋脊为宜，且其上端须伸进屋脊内，伸进长度为屋脊宽的 1/3。滴水瓦须挑出瓦口板一定长度，一般挑出长度为 5 ～ 7 厘米。

⑤ 砌筑攀脊与屋脊。

等到屋面前后两边老瓦头完成后，即可做攀脊。其做法为在屋面合角的老瓦头空隙间，先用碎砖瓦垫实，再铺灰浆抹平。上合两皮瓦，用灰浆铺设，合瓦时上下两皮瓦的接缝要错开，攀脊面高出盖瓦二三寸。

⑥ 按边楞弧度，逐楞铺设底瓦和盖瓦。

铺设底瓦前，先将安装好的滴水瓦与相应的老瓦头拉通线，作为进深方向的基准线。架好线后，先在瓦底铺灰，再铺底瓦。底瓦铺设要平整，因此须将瓦口弧度过大或过小的瓦挑出，挑出的瓦片可敲成瓦条作垫片。相邻的两楞底瓦，铺设时应高低一致，底瓦两侧用瓦条垫实并糊上灰浆。

（2）厅堂筑脊。

哺鸡脊的砌筑顺序如下：

在攀脊之上砌滚筒，用青砖及灰浆砌筑，砌至与筒瓦内口高度相同时，用灰浆把筒瓦贴在砖砌体的两侧面上，筒瓦应高低相平、进出一致并调整成水平状。滚筒上方为二路瓦条，中间为交子缝。滚筒两端须粉出螳螂肚形，其部位在脊两头各向内缩进一楞半瓦的距离处。

图 20　御碑亭之御碑

坐盘砖安装于上部瓦条之上，外侧略高，其外挑口与嫩瓦头相平并呈垂直状，内侧应向上做回纹。坐盘砖用料为方砖或硬木。哺鸡及哺鸡座用青砖砌筑，经粉刷泥塑而成。

四、新技术、新材料、新工艺的应用

在仿古建筑的屋面工程中，按照公司专利“一种仿古建筑的屋面系统”（专利号：201520718764.4），其基层作为屋面系统的底座起到将屋顶与木柱或墙体进行连接的作用，其中基层上设置有厚木板支撑层、防水层、水泥砂浆保护层和连接层。这不仅仅大大降低了木材的使用量，还降低了加工及施工成本，在屋面防雨方面具有更加优越的性能。

施工过程中使用红外线水准仪、全站仪、测距经纬仪等先进的测量设备和测量技术，完成定位放线、梁柱及木构件装配、吊装、屋面作业等一系列施工。

所有木构件均采用工厂化生产，在生产车间用数控钻铣机、数控钻铣槽机、程控锯铣机、程控刨床、精密刀具等机械设备粗加工为半成品，然后由工匠们手工进行精加工后运到现场施工，提高了效率，保证了木构件质量和品质，同时避免了现场作业的场地局限、环境污染、效率低等问题。

所有木构件均使用 ACQ 环保木材防腐剂，采用新技术和工艺进行防腐处理。所有木构件在生产车间木材防腐浸渍罐中进行防腐处理，防腐处理完成后再运到现场使用，尽可能减少对现场环境的污染。

在现场进行油漆工程之前，均使用 FRW 有机阻燃剂进行防火阻燃处理。在打磨和处理好的木材表面喷涂 FRW 有机阻燃剂后，保证其耐火极限，再进行油漆作业施工，满足木材防火要求，遇火后可形成阻隔，可以延缓燃烧速度，保持着火状态下木柱与梁连接牢固、承载作用不丧失及框架不松动。

皇粮浜地块改造项目东第园工程

——常熟古建园林股份有限公司

设计单位：常州市园林设计院有限公司
施工单位：常熟古建园林股份有限公司
工程地点：江苏省常州市钟楼区皇粮浜
项目工期：2018 年 9 月 29 日—2019 年 5 月 17 日
建设规模：28877 平方米（绿化面积 27971.21 平方米）
工程造价：4852 万元

本文作者：王　超　常熟古建园林股份有限公司　副总经理
黄敏欢　常熟古建园林股份有限公司　项目经理

图 1　风清月白殿与云石居

图 2　全园夜景鸟瞰

图 3　入口门厅

图 5　景墙雕塑

图 4　小庭院

一、工程概况

常州皇粮浜地块改造项目东第园工程位于常州市钟楼区，东至白云南路，南至南童子河，西至皇粮浜，北至中吴大道，主要建设内容为古建筑新建和园林工程。建设单位为常州市晋陵投资集团有限公司，设计单位为常州市园林设计院有限公司，勘察单位为江苏华源设计院有限公司，监理单位为江苏东方建设项目管理咨询有限公司，施工单位为常熟古建园林股份有限公司。工程施工时间为2018年9月28日至2019年5月17日，在2019年6月17日竣工验收合格，并在2019年6月24日备案。

整个东第园（图1～图17）占地约28877平方米，其中古建面积905.79平方米。古建筑层数为一层，结构类型为传统木结构。其中，风清月白殿、云石居和听琴轩是三个最为突出的单体仿古建筑。建筑物重要等级二级，耐火等级二级，抗震设防烈度为7度，设计使用年限为50年，其主体结构均为一层全木结构，木料采用楠木、柚木等，耐久性较好。填充墙砌体采用蒸压气混凝土砌块。

二、工程理念

常州吴玄的东第园，是计成主持建造的第一处著名园林，也是他的得意之作。计成大师如此喜欢东第园，不仅因为将江南胜景浓缩于东第园内，还因此园展现了他的人生哲学，并以此寓意了对东第园的主人吴玄的劝谏之意。

本次工程以和谐为主题，突出了韶光水廊区、曲廊区、爬山廊区三大景区，按照江南园林的空间结构，建设出江干湖畔、深柳疏芦、斜飞堞雉、横跨长虹等造园理念。

在深入挖掘历史文化资源的基础上，依托自然环境，借鉴古人的造园理念，共同打造一个适应现代城市生活的物质与精神需求的休闲宴会之地。东第园作为著名私家园林，不仅将江南胜景浓缩于内，而且达到了人与自然和谐的境界。

三、工程的重点及难点

1. 施工技术要点

参考近年来类似工程的施工做法，吸取其中的经验，在具体施工过程中，仔细查阅了相关的施工手册、规范、标准，严格按照其要求进行，东第园的重要施工技术包括以下几方面内容。

（1）方砖地面。

地面做法严格按照设计图纸进行施工，方砖铺地的地面构造分为四部分：地基层、基础垫层、结合层、方砖面层。面层采用400mm×400mm×40mm仿古方砖铺地，方砖铺地的技术要点如下。①方砖铺设，重在选料，所选方砖要表面平整，棱角完整，色泽均匀，大小一致，对角线相等，尤以对角线相等最为重要，否则很难铺出横平竖直、缝宽一致的效果。②方砖要坐中铺设，即方砖中线与房屋中线相一致，房屋前面方砖要整块，不是整块的方砖铺在房屋两侧及后面。③方砖面的标高以前、后阶沿与磉石的标高为准，所铺方砖要与其相平。④为使铺设后的方砖相邻间更紧密，方砖的四边要做斜面，与大面之间的角度小于90º。⑤铺设完成后，须对表面进行清理、打磨，发现有空隙时，要补嵌后再打磨，打磨工作须在油灰干透后进行，否则会污染灰缝，影响美观。

（2）墙体砌筑。

东第园中的墙有三种，分别为高低起伏做曲线状的云墙、依照屋面斜度砌成阶梯形状的屏风墙和普通围墙。采用花滚砌法，具体砌法是先砌二皮扁砖，其上再以砖侧砌，侧砌一层

图 6　假山与铺地

图 7　爬山廊

与芦菲片相似，将扁砌之砖亦侧砌成斗砖，斗砖空隙处填以碎砖与灰砂。

（3）室外地面铺砌。

室外采用“花街铺地”，其地面构造由地基层、基础垫层、结合层、面层共四个部分组成。地基层与基础垫层属于花街铺地的基础，一定要按规范施工，以免引起路面下沉。结合层为 1 ：1 或 1 ：2 的水泥黄砂层，以提高结合层本身的强度，加强与面层的粘结能力，而且可防止杂草的生长。

（4）廊。

廊是联系建筑物的脉络，又是风景的导游线。东第园中的曲廊之间的廊段相交有两种形式，即直角相交与钝角相交。因为是双坡落水，在两屋面相交部位，其阳角处做攀脊，上覆盖瓦，或于攀脊上发水戗，而在阴角处则做斜沟，用于排水。斜沟须用斜沟瓦铺设，斜沟底瓦宜解口，其檐口处用斜沟滴水。斜沟底瓦之间的搭盖不应小于 15 厘米，斜沟两侧的百斜头伸入沟内不应小于 5 厘米，以免漏水。

（5）砖细宝顶。

园内设置攒尖亭，砖细宝顶的技术要点如下。①制作时，首先根据图纸要求，挑选合适的砖料，经过开料、划线、刨面、线脚制作、割角、拼装、补磨等多道工序制作而成。加工的砖料应表面光滑，楞角整齐，几何尺寸准

图 8　假山

确，色泽均匀一致。②安装时，先在砌筑好的戗角顶部安装一块托盘砖，作为宝顶的基座。托盘砖由整块砖料制作，砖的中心须开设圆孔，圆孔应略大于灯心木的直径，以便托盘砖套在灯心木上。托盘砖须安装牢固，并呈水平状，其周边与灯心木的距离相等。③构件之间用油灰黏合，必要时用木扎与灯心木连接，以免日后构件脱落或倾覆。构件之间的所有缝隙须大小一致，待油灰干后，进行打磨。

（6）假山。

假山景观也是东第园的一大特色，主要采用了跌水假山、岛湖假山和人工湖石驳岸叠石，石材均采用广西的湖石。假山虽然是人造，是一种静态的景观，但是能够在静中取动，给人们呈现出一种动态的美感，也能利用流水以及周围景色营造一种积极向上的精神动力。在进行假山景观的施工过程中，要注意每一次施工的特殊性，考虑到施工材料以及施工环境，以便做到景中有山、山中有景。

（7）屋面铺设。

东第园中的单体建筑使用小青瓦铺设。小青瓦屋面铺设的技术要点如下。①滴水瓦瓦头挑出瓦口板的长度不大于 7 厘米，且不得小于 2 厘米。②若有斜沟，则斜沟底瓦搭盖不小于 15 厘米（沿排水方向，斜沟底瓦宜解口），斜沟两侧的百斜头伸入沟内不应小于 5 厘米。③底瓦搭盖外露不应大于 1/3 瓦长，檐口部分可做适当调整。④盖瓦搭盖外露不应大于 1/4 瓦长，厅堂、亭阁、大殿等建筑物屋面的盖瓦搭盖外露不应大于 1/5 瓦长，盖瓦搭盖底瓦，每侧不应小于 1/3 盖瓦宽。

2. 施工难点

皇粮浜地块改造项目东第园工程位于常州市钟楼区中吴大道南侧，为明清园林复建工程，占地约 9000 多平方米，其中景观人工湖 4000 多平方米，沿线驳岸弯形曲折长约 400 米。整个人工湖为不规则环弧形状，湖底为素土（压实系数≥ 0.85），驳岸为砖砌体，驳岸内侧叠太湖石临水景点。为达到人工湖蓄水防渗使用功能采用钠基膨润土防水毯进行防水处理，作为湖底和驳岸的整体防渗层。钠基膨润土系天然无机材料，即使经过很长时间或周围环境变化，也不会发生老化腐蚀现象，具有良好的防水防渗性能。钠基膨润土防水毯在施工中因人工湖形状不规则导致搭接多、弯形曲折细部处理多、转角接缝多等施工难点，特成立 QC 小组，确保膨润土防水毯的施工质量。

四、新技术、新材料、新工艺的应用

在仿古建筑的屋面工程中，按照公司专利“一种仿古建筑的屋面系统”（实用新型专利，专利号 201520718764.4），其基层作为屋面系统的底座起到将屋顶与木柱或墙体进行连接的作用，其中基层上设置有厚木板支撑层、防水层、水泥砂浆保护层和连接层。这不仅仅大大降低了木材的使用量，还降低了加工及施工成本，在屋面防雨方面具有更加优越的性能。

在施工过程中，整个人工湖为不规则环弧形状，湖底为素土，人工湖 4000 多平方米，沿线驳岸弯形曲折长约 400 米，为达到人工湖蓄水防渗使用功能采用钠基膨润土防水毯进行防水处理。

施工过程中使用红外线水准仪、全站仪、测距经纬仪等先进的测量设备和测量技术，完成定位放线、梁柱及木构件装配、吊装、屋面作业等一系列施工。

所有木构件均采用工厂化生产，在生产车

图 9　岛湖石假山

图 10　曲桥、听琴轩与六角亭

图 11　湖面

图 12　湖面及雾森景观

图 13　池底及驳岸

图 14　曲桥与睡莲

图 15　雾森景观

图 16　园林水面

图 17　清籁阁

间用数控钻铣机、数控钻铣槽机、程控锯铣机、程控刨床、精密刀具等机械设备粗加工为半成品，然后由工匠们手工进行精加工后运到现场施工，提高了效率，保证了木构件质量和品质，同时避免了现场作业的场地局限、环境污染、效率低等问题。

所有木构件均使用 ACQ 环保木材防腐剂，采用新技术和工艺进行防腐处理。所有木构件在生产车间木材防腐浸渍罐中进行防腐处理，防腐处理完成后再运到现场使用，尽可能减少对现场环境的污染。

所有木材在油漆作业前，均使用 FRW 有机阻燃剂进行防火阻燃处理。在打磨和处理好的木材表面喷涂 FRW 有机阻燃剂后，再进行油漆作业施工，满足木材防火要求，遇火后可形成阻隔，可以延缓燃烧速度。

项目荣誉：

本项目获 2020 年度常州市园林绿化优质工程奖“戈裕良杯”和 2019 年常州市优质工程奖“金龙杯”。

北京世园会广东室外展园建设

——广州市园林建筑工程公司

设计单位：广州园林建筑规划设计研究总院

施工单位：广州市园林建筑工程公司

工程地点：北京市延庆区世界园艺博览会

项目工期：2018年8月18日—2019年4月28日

建设规模：2500平方米（其中绿化面积1000平方米，古建面积1500平方米）

工程造价：1392.66万元

本文作者：卢永忠　广州市园林建筑工程公司　党委书记

洪淑媛　广州市园林建筑工程公司　高级工程师

曾　超　广州市园林建筑工程公司　工程师

图1　南粤园

图 2　南粤园中心湖面

图 3　南粤园入口

图 4　南粤园入口夜景

一、工程概况

北京世园会是国际园艺生产者协会批准及国际展览局认证授权举办的 A1 级国际园艺博览会，在国内乃至国际具有较高知名度和权威性。我公司为此精美设计，精细组织，精心施工，打造占地 2500 平方米、具有浓郁南国风情的岭南园林——“广东园”。该工程于 2018 年 8 月在北京市延庆区开工，历时 8 个多月。全园以岭南水乡为骨架，前庭后院、内外相连，打造出春华秋实、香远益清、落英缤纷、南国繁花等多个植物主体空间。主体为“南粤情 • 故乡水”，展现形式为岭南广府地区传统建筑、砖木结构、盆景花卉等，打造具有广东地域风情特色，营造鲜明的岭南园艺特色。给游人移步换景、穿越时空的感受（图 1 ～图 19）。

二、工程理念

南粤园由南粤坊、丝香阁、倚翠廊、蝶翠轩、里仁洞和盆景园构成。在入口处就已经先入为主，透出浓郁粤式特色，门口设置一小型广场，广场中央地面铺设有蝠纹地雕铺装，寓意开门纳福，正门建筑南粤坊采用岭南传统的建筑形式，屋脊上的灰塑装饰是广东地区特有的工艺美术技艺。大门采用广州西关老城区的趟栊门形式，还原特色传统的生活风貌。

走进南粤园，主体建筑丝香阁，建筑造型为典型的岭南传统建筑，标志性的镬耳山墙、灰塑屋脊装饰、彩色琉璃窗，更是从造型与风格上体现着岭南地区传统建筑的鲜明特点。

在丝香阁内部，也以展厅的形式由内而外地向游人展示岭南文化的多元与魅力，包括有潮州木雕工艺制成的屏风，有新会葵艺制成的烙画扇，还有色彩丰富的满洲窗。

走过倚翠廊，便见到了里仁洞，而里仁洞上方则是位于假山之上的蝶翠亭。蝶翠亭为全园最高点，傍山依水伫立，山石耸立间，游人拾阶而上，登上歇山卷棚四角亭俯瞰满园，白墙灰瓦、翠叶红花尽现于眼前。亭子下为流水瀑布，跌水不停，声声流水中，整园生机全然焕发。

图 5　丝香阁

图 6　丝香阁夜景

图 7　倚翠廊

图 8　倚翠廊及湖面

图 9　蝶翠亭

图 10　流水瀑布

图 11　盆景园

展园的廊、桥、亭、轩皆依水而建，园区分为三个区域和六个节点。三个区域分别为特色入口区、文化展示区和园艺景观区；六个节点，分别为南粤寄思、南粤记忆、月照仙馆（展厅）、故乡水韵、泮塘荷风和盆趣映生。环园行走，依次经过南粤坊、丝香阁、倚翠廊、蝶翠轩、里仁洞和盆景园等六大景点。四时流转间，春之烂漫、夏之浓郁、秋之绚丽、冬之苍翠皆可在园中得以体验。

图 12　照壁

三、工程的重点及难点

本工程的现场实际情况及工程特点主要包括工程量大、工期短、配合多、管理难、质量要求高，针对这些情况我公司采取合理的施工组织，通过点、线、面展开施工，合理安排建筑、水电、植物种植等工序同时交叉进行，以确保工程能优质、快速、安全、文明地完成。

图 13　照壁夜景

图 14　水面及假山

图 15　水面及假山夜景

图 16　水面及假山雾森景观

图 17　园中植物之春景

图 18　园中植物之夏景

图 19　水面雾森夜景

通过合理的施工组织和工期倒排计划，缩短工期10天；制定合理的劳动力配置计划表，合理安排工人作业时间，大大节省劳力；熟悉材料清单，制订合理的材料采购和进场计划，把好材料关、检验关、计量关，做到每样材料最优最大化地投入使用，大大地节省了施工成本。

植物选择岭南传统的造景树种，为突出岭南的花木特色，园区的植物设计被分为四个主题区块："春华秋实"——位于展园的主入口，选用开花的植物作为骨架树种，下层种植缤纷花带景观，营造主入口及前庭热烈的迎宾氛围；"香远益清"——位于展园的中心，亦是人工湖的位置，该区选用莲花为主要植物品种，营造气氛舒缓、清爽的迷人氛围；"落英缤纷"——位于展园后半部，骨架树种选用开花和色叶植物，营造欢快的内庭氛围；"南国繁花"——位于园路和倚翠廊左右两侧，选用多色系开花植物，再现南国繁华盛景。为使植物在北方能健康地生长，针对植物加强防冻保温等措施。

四、新技术、新材料、新工艺的应用

北京世园会广东室外展园建设，具有浓郁南国风情的岭南园林风格。植物选择岭南传统的造景树种，为使植物在北方能健康地生长，针对植物加强防冻保温等措施。主要包括：（1）根茎培土、盖地膜；（2）覆土、封垄；（3）搭风障；（4）建保温棚；（5）树干涂白防冻等措施，防止苗木不适应和晚霜危害。

通过以上措施，保证了北京世园会展园期间所有植物长势良好，景观效果良好。

项目荣誉：

本项目获2019年中国北京世界园艺博览会中华展园特等奖。

金海湾公园滨水活动体验区景观工程

——江西绿巨人生态环境股份有限公司

设计单位：重庆英才园林景观设计建设（集团）有限公司
施工单位：江西绿巨人生态环境股份有限公司
工程地点：重庆市两江新区康美街道嘉陵江沿线
项目工期：2018 年 1 月 25 日—2019 年 5 月 28 日
建设规模：20 万平方米
工程造价：4984.09 万元

本文作者：李东红　江西绿巨人生态环境股份有限公司　总裁
刘　冰　江西绿巨人生态环境股份有限公司　经理
曹　军　江西绿巨人生态环境股份有限公司　经理

图 1　园路上的鱼纹与荡漾着明媚的江水景色相呼应

图 2　宽敞的公园大道、多元化入口小品

图 3　打造出“鱼儿水中‘游’，秋蟹水中走”的自然生态

图 4　休憩广场

图 5　眺望台

一、工程概况

金海湾公园作为重庆市渝北区江与城三大主题公园（中央绿地公园、体育公园、金海湾公园）之一，其建设初衷是修复因城市建设而被破坏的自然环境，是市政府重点规划打造的重庆最大滨江生态公园。公园浑然天成的自然生态和园林雅趣，让金海湾公园成为城市塔尖圈层的聚集地。滨江公园 2008 年开始设计，总体规划南起大竹林半岛的江与城 A 区，沿着嘉陵江和金海大道一直往上走，直到礼嘉半岛的龙湖小区群附近，长度接近 17 公里，面积大约 4800 亩。长距离的滨江公园，分为六个主题功能区，即“坡谷水上森林区”“峡江风貌展示区”“滨水活动体验区”“嘉陵江故事区”“滨江文化区”“工业记忆区”打造出了重庆地区滨江生态景观建设的样板。

图 6　搭配协调，生态的美

图 7　大片的野花，展现另一种美

图 8　门前点缀单棵的树木，仿如站岗的卫兵

金海湾公园作为滨江公园的一部分，占据着至关重要的位置。设计师用生态修复和因地制宜的手法，将本土人骨子里的恋江情结融入唯美的人文艺术之中。在不破坏原有地貌和植被的同时，将嘉陵江、消落带、滨江路与城市串联，充分体现了江与城的关系。滨水活动体验区这一标段，景观绿化面积约 20 万平方米。园路铺装材料的选择及铺装图案的意境是本项目的亮点，打造出“鱼儿水中‘游’，秋蟹水中走”的自然生态。运用中国文化元素，在人行步道中植入以鱼为主题的抽象国画，步道的创意来自中国传统水墨画黑白描绘的游鱼花纹。鱼纹步道由白色及黑色仿石生态海绵砖铺砌而成，边界为与江边石滩相似颜色的整石挡土矮墙，可供座憩，并肩负排水功能。本公园凉棚的设计灵感来自长江上的中式老帆船，简洁的结构可提供人们所需的遮荫，希冀唤起人们对嘉陵江作为航运的悠久历史感的记忆，也是本项目的一大特色（图 1 ～图 22）。

图 10　耐寒植物

图 11　果岭草草坪

图 9　四米宽的主要步道

图 12　生态与自然紧密贴合

图 13　弯曲延长的步道，景色宜人

图 14　休闲的汀步小径

二、工程理念

1. 斩获国际设计大奖

由美国 SWA 景观设计公司设计，用生态修复和因地制宜的手法，将本土人骨子里的恋江情结融入唯美的人文艺术之中。在不破坏原有地貌和植被的同时，将嘉陵江、消落带、滨江路与城市串联，充分体现了江与城的关系。

金海湾公园依托山水资源、凭借独特的设计理念和多样的滨江景观获得业界专业人士认可，并获得应对自然灾害与极端天气类卓越奖（国内唯一）、文化与传统类荣誉奖、雨洪管理类荣誉奖、生物多样性与生境保护类荣誉奖、规划分析类荣誉奖 5 个大奖。

2. 六个主题 打造多样化生态体验

滨江公园整体分为 6 个主要功能区，打造多样化生态体验。金海湾公园的建设将成为重庆两江四岸重要的景观控制项目，成为北区乃至整个重庆地区滨江生态景观建设的样板。

图 15　仿石生态海绵砖步道

图 16　小穗去处，绿荫汀步

图 17　砌石绿化景观

图 18　生态小径

3. 滨水活动体验区：具有自我修复能力的水岸公园

“金海湾公园滨水活动体验区”是重庆两江四岸生态景观建设的样板工程。这个项目以结合河岸林带的消落带地形与季节性功能定位，从湿地公园植物入手，强调植物的观赏性、季节性，打造与人互动的滨水体验区，融合原有的自然景观及工业遗址，创造出一个独特的水岸公园。

图 19　周边的树木竖向设计合理，树木高低体现空间特征

三、工程的重点及难点

1. 施工方法、技术

公司针对本项目拟建现场的质量控制体系，在施工中把先进工艺和施工方法、先进技术运用到工程中来，大力推广新材料、新工艺、新技术，确保目标工期，保证质量和降低成本。加强施工管理，科学组织施工，严格控制工程造价取得良好效果。（1）制定先进合理的工程造价控制目标，定期进行工程造价实际值与目标值的比较，找出偏差，分析原因，采取有效措施加以控制，以保证工程造价控制目标的实现。（2）材料价格是影响建筑产品成本的重要因素，严格控制材料价格是降低造价的有效手段。在保证材料质量的基础上，严把材料价格关，力争把材料价格控制在最低水平上。（3）每个工程应在保证质量的前提下，对各种施工方案进行技术上、经济上的对比分析，从中选出最合理的方案，以达到资源最佳配置。

本工程制定了严谨的施工进度控制目标，科学的施工技术方案及施工进度计划、材料采购计划，使该项目得以井然有序地进行，采用了先进的施工技术，控制了施工成本，在合同要求的工期内较好地完成了施工任务，收到了良好的经济效益。

图 20　植物衬托出大自然的景象

图 21　植物与砌石互补

图 22　自由式种植，自然生长的野花

2. 施工重点

本工程给排水管线和电气管线、各种管线间存在施工交叉，由于坡度要求和管线之间安全距离要求，施工中会出现各种各样的矛盾，对此必须要有充分的认识和准备。在施工过程中会经历雨季及夏季，河流的水位变化较大，涨水时水天一色，退水后地秃荒芜，针对多年退水对消落带进行修复治理，不同高度种植不同植物。保证植物的成活率也是一大难点。在施工中选取了大量消落带耐淹植物，一方面保证了植物成活率，另一方面也达到良好的自然生态效果，并且与江岸原本的水生植物协调一致。

3. 施工难点

沿着嘉陵江沿线延伸路线较长，建设规模大，涉及专业多，确保目标工期的实现是本项目一大难点。按照公司多年积累形成的施工模式，本项目在与甲方签订施工合同后，交由公司工程中心项目部进行对接，项目部会同采购中心、市场中心，明确项目质量及工期目标，根据项目具体情况筛选材料，衔接采购中心确定材料价格区间，确定材料供应商及合理的施工方案，确保工程按质按量完成。

四、新技术、新材料、新工艺的应用

（1）人行步道采用了新材料新工艺，开启“鱼儿步道‘游’，秋蟹水中走”的创新模式，设计方案充分运用了中国文化元素，植入鱼为主题的抽象国画。

鱼纹步道由白色及黑色仿石生态海绵砖铺砌而成，海绵砖是兼具透水性和保水性的路面砖，具有道路吸水、蓄渗和缓释作用，能有效缓解城市内涝，有效保护和改善城市生态环境，使人行步道兼具观赏性和功能性。步道边界为与江边石滩相似颜色的整石挡土矮墙，可供座憩，并肩负排水功能。

（2）因为邻近道路的施工，场地上侧被扰动得很厉害，因此有许多很翘的土坡。为应对剧烈变化的库区水位，用低冲击的方式设计消落带，消落带生态修复与景观优化工程尤为重要。采用适应水位变化的滨江立体生态空间建设技术、消落带界面生态调控技术、滨江消落带韧性景观修复技术。在重点的护坡部位运用三维网垫边坡防护材料替代新土工材料，其具有韧性较强、空隙较大等特征，为植物生长提供更大的空间，提升植物的生命周期，确保园林工程在实际建设期间的经济效益。

（3）施工中使用水准仪、经纬仪控制标高与水平，遵循正确的步骤进行反复测量，多次测试后得到准确的数值，提高计量精度，确保数值与设计达到一致。管道采用 UPVC 管材，电线穿管采用 PVC 管材。在植物养护中我们将雨水进行统一的收回和处理，并将其重新运用到植物的灌溉中，提升了绿化工程的生态性。

（4）由于工程紧贴嘉陵江河流，废弃物的管理尤为重要。施工现场专门使用了树枝粉碎机，将修剪下来的树枝和未成活的植物经过树枝粉碎机粉碎，粉碎后的木料铺在地下使其自然腐烂，当作有机肥料或用于种植经济作物的原材料，使废旧绿化垃圾充满了再利用的价值，并且也节约了施工成本。“三分栽，七分养”，植物的养护需精心备至，才能确保成活率，达到绿化景观效果。

北京壹号院大区景观工程

——北京顺景园林股份有限公司

HISTORIC BUILDING GARDEN

设计单位：北京顺景园林股份有限公司

施工单位：北京顺景园林股份有限公司

工程地点：北京市朝阳区农展馆北路麦子店街

项目工期：2016 年 3 月 16 日—2017 年 7 月 6 日

建设规模：16446 平方米

工程造价：2639.86 万元

本文作者：李井东　北京顺景园林股份有限公司　项目负责人

刘　涛　北京顺景园林股份有限公司　技术负责人

赵　颖　北京顺景园林股份有限公司　园林绿化工程师

图 1　休憩平台

一、工程概况

北京壹号院大区景观工程项目位于北京市朝阳区农展馆北路麦子店街，工程主要内容包括施工图设计优化建议、景观铺装、绿化种植、建筑小品、水电安装，以及绿化保活和养护等，绿化面积16446平方米，工程造价2639.86万元（图1～图17）。具体技术经济指标见表1。

表1　北京壹号院大区景观工程项目技术经济指标

景观面积	绿地面积	铺装面积	透水铺装面积	植物种类	乡土植物种类
16446平方米	10761平方米	5685平方米	1040平方米	72种	53种
绿地占比：66.6%		透水铺装占比：18.3%		乡土植物占比：73%	

二、工程理念

北京壹号院是“生态、科技、人文”类型的住宅项目。本项目在景观营造过程中，坚持“以人为本，生态优先”的原则，用现代的技术手段，打造生态和功能完美结合的人居环境。遵循生态适应性原则，选择耐修剪的适应北方气候环境的乔木品种；为丰富景观元素，营造社区人文艺术氛围，精选多组现代艺术雕塑，与规则的整形植物形成了鲜明的对比；乔木下层做雨水导排措施，取得很好的经济和生态效果。

三、工程的重点及难点

1. 施工管理

（1）现场施工部署。本项目工期紧张，与其他专业交叉施工多，在初期进行了严密的分阶段分区域的施工部署，预判了可能的不利因素，储备了应对措施，取得了很好的效果。现场施工部署主要采取了统筹策划施工顺序、缩短关键路径工期、合理安排交叉施工等措施。

（2）进度管理。创新利用“网络图”进度控制技术，分级、分层、分区制订施工实施进度计划和进行控制，围绕各分区“关键路径”，严格各里程碑节点时间，合理配置资源，积极调整施工部署，主动克服不利因素，确保了工程目标的实现。

（3）质量管理。从过程质量管理、全员质量管理、可追溯质量管理三个方面，全面保证本工程施工质量。

2. 形式创新——整形植物

为丰富传统居住区景观的造景元素，本项目在整形植物的应用上做了诸多尝试创新，取得了很好的景观效果，并且为后期研发应用积累了丰富的实践经验，主要体现在以下几方面。

（1）品种的选择。遵循生态适应性原则选择耐修剪的适应北方气候环境，同时萌芽能力又强的乔木品种。

（2）苗源选择方面。既要满足整形植物的要求，又要考虑成本，最后选定用大冠幅的毛球作为整形绿篱栽植的苗源。

（3）栽植方面。对苗床放线精度要求较高，要精确到5毫米，放线后需要做深度10厘米左右的苗床，来控制栽植成型后的外形尺寸和色块的位置。

图 2　北京壹号院原地貌（宅间花园）

图 3　雕刻玻璃景墙（宅间花园）

图 4　儿童活动场地

（4）整形修剪。与常规修剪不同，精细修剪需全程挂线修剪，并且要分成两次进行，在浇第一遍水后两天内，进行第一次修剪，以控制高度为主，比完成尺寸大 10 厘米，再过 1 周时间进行第二次修剪，最终定型。此后每周进行一次维护修剪即可。

图 5　水景

图 6　整形植物及绿篱

图 7　乡土植物群落 1（宅间花园）

图 8　乡土植物群落 2（休憩平台）

图 9　休憩平台 1

图 10　休憩平台 2

图 11　艺术雕塑 1（入口）

图 12　艺术雕塑 2（入口）

图 13　艺术雕塑 3（宅间花园）

图 14　艺术雕塑 4（休憩平台）

3. 元素创新——植物品种、现代艺术雕塑

（1）植物品种。

为丰富植物品种和季相变化，本项目在植物新品种应用上有诸多尝试创新，取得了很好的景观效果，并且为后期研发应用积累了丰富的实践经验。

（2）元素创新。

为丰富传统居住区的景观元素，本项目精选了多组现代艺术雕塑，与规则的整形植物形成了鲜明的对比，打破了单一整形植物的呆板印象，取得了很好的效果。

图 15　艺术雕塑 5（宅间花园）

图 16　艺术雕塑 6（宅间花园）

4. 环境改造

多数车库顶板园林种植区存在排水不良的问题，对此本项目在乔木层做了雨水导排措施，具体做法是增加滤水层，设置导排盲管，乔木周边预留透气观察孔，取得了很好的经济和生态效果。

四、新技术、新材料、新工艺的应用

1. 新工艺、新材料的应用

根据本项目的风格特点，本项目应用了激光玻璃雕刻，并与景观照明相结合，取得了很好的景观效果和经济效果，并积累了成熟的工艺做法，为今后推广应用奠定了基础。

图 17　艺术雕塑 7（宅间花园）

2. 科技成果的应用

公司长期坚持生产和研发相结合的方式，用研发解决工程中遇到的实际问题，同时工程实践又为研发提供了研发方向和物质基础。在本项目中用自有专利解决工程问题，收到良好的社会经济效益，主要应用在以下几方面。

（1）雨水回收利用。

应用公司自有的“一种屋面雨水强制循环过滤回收利用装置及方法”（专利号：ZL 20111 C400325.5），建造了雨水收集利用系统，收集雨水用于绿化浇灌和景观用水，降低景观的用水量，同时降低雨季市政管网系统的压力，取得了良好的经济和社会效益。

（2）节水浇灌方面。

主要应用“一种自回旋升降喷灌装置”（专利号：ZL 2014 1 0480989.0）“一种自吸式树木根系供水系统”（专利号：ZL 201721899555.X），有效提高了浇灌效率，降低了单位面积的浇灌用水量。

（3）雨水峰值流量调节方面。

按照建设海绵城市的要求，结合项目雨水调蓄收集设施，应用自有专利“一种具有雨水收集利用的功能型景观绿地”（专利号 ZL 2018 2 1950466.8）《一种车库顶板雨洪管理系统》（专利号：201921302652.5），有效提高了雨水收集利用效率，降低了排水系统的峰值流量，减轻了市政管网的压力。

（4）苗木栽培养护方面。

本项目对苗木树形要求较高，这就要求苗木整形装置既要有很好的功能性，又要有很好的外观，应用自有专利技术“一种园林苗木吊拉装置”（专利号：ZL 201520147574.1）对苗木进行了整形控制，取得了良好的景观和经济效果。

径山镇2018年美丽乡村建设项目（一期：麻车头村等9个村）设计采购施工（EPC）总承包项目

——杭州市园林绿化股份有限公司

HISTORIC BUILDING GARDEN

设计单位：浙江普天园林建筑发展有限公司
施工单位：杭州市园林绿化股份有限公司
工程地点：浙江省杭州市余杭区径山镇
项目工期：2018年12月20日—2019年12月10日
建设规模：约51000平方米

本文作者：金啸彦 杭州市园林绿化股份有限公司 工程师
于会莲 杭州市园林绿化股份有限公司 助理工程师
杨升超 杭州市园林绿化股份有限公司 工程师

图1 围墙植物配

一、工程概况

径山镇位于杭州市余杭区西部，人文和自然资源丰富，历史文化源远流长，自然风光得天独厚，属径山风景旅游区，为杭州西郊生态旅游重镇。近年来，径山镇以打造一个全域美丽的大径山乡村国家公园为目标，从水环境治理、风情田园、美丽乡村建设等多个方面进行美丽乡村整体打造，建设了一村一品、独具特色的美丽乡村集聚区，成为杭州市美丽乡村建设升级版。

径山镇 2018 年美丽乡村建设项目（一期：麻车头村等 9 个村）设计采购施工（EPC）总承包项目在杭州市余杭区径山镇，项目施工内容涉及径山镇求是村、小古城村、潘板桥村等 9 个村庭院围墙整治、道路改造、绿化提升改造、公共设施整治，水系整治提升和建筑外立面整治提升等工程，工程造价 6761.5 万元，建设规模约 51000 平方米（图 1 ～图 16）。

图 2　求是村植物节点

图 3　小古城村水生植物

图 4　小古城村植物节点 1

图 5　小古城村植物节点 2

图 6　求是村植物配置

图 7　小古城村节点

图 8　潘板桥村水生植物

图 9　漕桥村水系节点

图 10　小古城村水系节点

图 11　特色围墙

图 12　漕桥村文化礼堂

图 13　求是村小品景墙

二、工程理念

1. 一村一品，一户一景

以求是村梅秋里区块为例。梅秋里的房屋多为两到三层建筑，但建筑风格、外墙立面均有区别，因此，在进行景墙施工时，根据每家的房屋建筑特色选择了不同的材料和植物配置手法。比如，建筑外立面为红色的，景墙以红色砖为主，搭配月季、佛甲草等植物；建筑外立面为灰色的，景墙以浅黄色砖为主，结合小木桩或仿竹篱笆，搭配石竹、美女樱等植物；建筑外立面有大理石点缀的，景墙以桐庐石为主，辅以装饰过的轮胎，点缀佛甲草、常春藤等植物。不同的处理手法，使得家家户户的景墙既有连续性，又有各自的风格。

景墙边的植物配置同样有讲究。利用银杏、桂花、梅花、红枫等植物营造上层空间，这些植物具有遮挡作用，能够为庭院营造一定的私密空间。通过树状、球状、攀援、伞状、字母等各种形态的月季，以及金冠女贞球、龟甲冬青球、银姬小蜡球、蓝莓、八仙花、小叶栀子、翠芦莉、花叶千鸟花、蓝山鼠尾草、紫叶狼尾草等小型乔灌木，在打造中层空间的同时，和美女樱、金娃娃萱草、花叶玉蝉花、花叶香桃木、紫菀、泽兰、矾根、五彩络石、石竹等下层空间植物一起，装饰和衬托景墙，使家家户户的景观更加丰富多变。

风景不仅仅停留在墙上，还引景入院。通过对庭院内部景观的改造提升，

图 14　小古城村节点

图 15　漕桥村节点

图 16　小古城村樟树下的“议事厅”

清理院子中散落的物件，在门前屋后布置小景，放置农村不用的木桶、水缸，或瓶瓶罐罐等陶瓷制品，种上睡莲、荷花、铜钱草、吊兰、络石、多肉等植物，形成浓厚的乡村风情。

2. 敞开围墙，引景入院

对于乡村而言，高大的围墙，让农家小院拥有了更多的安全感和私密空间，却也使村庄的空间变得沉闷。项目各村在充分征求民意的基础上，拆除了高高的围墙，用陶土砖、旧青砖、仿竹篱笆、桐庐石等作为主材，搭配丰富的植物，营造出低矮通透式的景观围墙，在实现家家户户开墙透绿的同时，也使得整个村庄的景观实现了有机统一，展现出现代新农村的新气象。

3. 文化传承，生态优先

美丽乡村建设，不仅仅是干净整洁、风景美丽的村容村貌，更要保留原有的乡愁乡韵，注重乡村文化的传承；要坚持生态优先的理念，推动乡村绿色发展；要坚持村庄的环境提升与周边的农业种植经济、特色产业等有机融合，带动美丽乡村经济。

求是村美丽乡村建设遵循该村以党建为引领，建“敞开式”花园，筑“玫瑰”产业的发展宗旨，在求是村梅秋里节点中建设了一面用红色大字书写着“梅秋里”的景墙，搭配四幅锈钢板梅花图案，生动展现着梅秋里的名字内涵。而家家户户院子里种植的梅花，以及各式各样的玫瑰，则通过植物文化来呼应村庄的名字，每年春天，朵朵红梅在农家小院里绽放，关于梅秋里的记忆也更加深刻。

漕桥村内有数条河流相互交织，是典型的江南水乡。美丽乡村建设依托村内优美的自然环境条件，通过河道的改造提升，漕桥公园等富有漕运元素景观节点的打造，再现了烟雨漕运、千年水村的风韵。

小古城村钱三组美丽乡村建设结合该村“两众”文化精神内涵，在村口的议事广场采用传统的旧青砖、旧瓦片、老石磨等材料和工艺结合“众人”造型，并在上面题写习近平总书记提出的“众人的事情，众人商量”字样；广场中建有“广议亭”“集思亭”；广场对面，“众人”造型的景墙与广场隔水相望，将“两众”文化和民主议事的思想体现在园林景观中。桂花馥郁的芳香在空气中弥漫，红彤彤的柿子偷偷从墙内探出了头，房前屋后绿意盎然、花团锦簇，人们在这里幸福地生活，祥乐和美成为主旋律。

三、工程的重点及难点

1. 合理安排，管理高效

充分利用 EPC 管理的特点，在植物种植方面，设计方遵循因地制宜、适地适树的原则，经建设方认可，结合现场实际情况优化施工图；施工方合理安排施工组织，有效地避开了季节性、恶劣性天气等不利因素，提高了植物成活率。经各方意见统一，设计、施工紧密配合，各种围墙及重要节点上进行重点造景，一般路段上选用乡土树种、常用树种，合理控制成本，实现了景观效果。在建设周期方面，施工方根据施工进度、车流、地形等因素与设计方无缝衔接、紧密配合，设计人员现场绘制施工图，减少中间环节，有效地缩短工期，最大限度地发挥了建设各方的工程项目管理优势。

2. 土壤改良，确保成活

公司自行研制的竹炭土，有机质含量>40%，具有疏松透气、保水保肥的特性，能有效改善土壤团粒结构，激活土壤生物活性，无杂草虫卵、无异味，是绿色环保的可再生资源。通过采用该竹炭土对土壤进行改良，大大提高了植物的成活率，保证了后期的景观效果。

3. 精挑细选，保证效果

从围墙建设到房屋外立面改造，从景观小品设置到植物种植，不管是材料的选择还是颜色的搭配，径山的美丽乡村建设均突出古朴淡雅、简洁实用的特色，注重乡土气息的营造和文化特色的挖掘。家家景不同，户户风光美。走出村外，金黄的稻田洋溢着丰收的喜悦，翠绿的茶园好似传来扑鼻的茶香，大片的荷花正积蓄力量等着在夏天绽放最美的姿态，远处的群山勾勒出水墨画般的优美意境……如诗如画的田园风情，静谧成诗的田野故里，让这个小村拥有了自己的独特魅力和韵味。

四、新技术、新材料、新工艺的应用

1. 植物浮岛技术

小古城村入口节点湖面上布置有框架结构与木本植物相结合的新型生态浮岛，生态浮岛床体上铺填种植土，种植有芒草、千屈菜、再力花、美人蕉等，营造优美的浮岛景观。

2. 海绵城市理念应用

生态优先的理念，体现在道路铺装上。南方雨水较多，特别是到了梅雨季节，连绵不断的阴雨往往会使路上积满雨水。为有效改善这一状况，村里的大小道路全部采用透水混凝土材料，引入海绵城市理念，充分考虑雨水下渗和净化作用，设置下凹绿地，使场地具有一定的保水能力，有效降低下雨时地表径流的峰值，避免道路积水情况的出现，为村民提供更好的出行条件。

天长市新白塔河整治工程（新川桥河—西老护城河段）

——金庐生态建设有限公司

设计单位：江苏省建筑园林设计院有限公司

施工单位：金庐生态建设有限公司

工程地点：安徽省天长市城西场北湖

项目工期：2018 年 4 月 8 日—2019 年 1 月 6 日

建设规模：总面积 35.54 万平方米

工程造价：总造价 4930.8581万元

本文作者：袁　强　金庐生态建设有限公司　副总经理

图 1　鸟瞰红草湖湿地公园，仿若一片绿洲

一、工程概况

天长市新白塔河整治工程（新川桥河—西老护城河段）。位于安徽省天长市城西林场北湖，西起川桥河堤，东至老西门居民区，总面积 35.54 万平方米，总造价 4930.8581 万元。工程于 2018 年 4 月开工建设，2019 年 1 月竣工验收。工程涵盖铺装、绿化、园建、水系、假山、驳岸、栈道、给排水、电气照明、游客中心、茉莉花馆、草堂等，是集文化、健身、游览、科普为一体的城市湿地公园（图 1 ～图 20）。

图 2　红草湖湿地公园主入口由不同的乔木和灌木景观组成

图 3　水草丰茂、以天长特色红草为主景观的湿地调蓄塘（草之塘）

图 4　人们可以站在木质观景台上远看两岸垂柳如环相映

图 5　各式各样的防腐木栈道及休息亭

图 6　看似其貌不扬的水池，并非普通水池，而是一个渗透塘，其下层是沙质的土壤，水中再种植香蒲、萍蓬、水葱等湿地植物，通过层层的搭配，渗透塘不仅景色变了样，更兼具了滞留和净化雨水的功能

图 7　以恢复保护为主的滨河池杉之林间的木栈道及二月兰

天长市新白塔河整治工程（新川桥河—西老护城河段）以回归自然、乐享生活、品味文化、展现灿烂文明泽被的都市生态福地为宗旨，打造成属于天长市的一片涤净心灵的都市绿肺、一幅宜居宜游的美丽画卷、一条涵养绿色的生态展廊，通过巧理水、广造绿、精创景、尊传统、赋新意，使其具有时代特征和地方特色。本工程呈现“一带五区多点”的总体景观结构。一带——贯通环绕场地的湿地水生景观带。五区——根据园区内各具特色的资源及肌理，整个园区划分为五个功能区：以恢复保护为主的滨河池杉林（杉之林），以天长特色红草为主景观的湿地调蓄塘（草之塘），以吸引市民游览活动为主的入口场地（游之地），以花卉种植观赏为主的花海苗圃（花之田），以湿地水生动物栖息为主的保护池（鱼之湾）。多点——围绕场地水系形成若干串珠状景观节点。

图 8　大面积种植观赏性荷花形成壮观的荷景

图 9　红草草堂周边配植天长当地的乡土树种

图 10　丰富植物层次，营造自然的植物群落

图 11　湿地木栈道向绿丛深处延展，漫步其中，举步踩塘、招头见柳，细观万物生长，妙趣横生

图 12　夏日站在木凉亭下赏荷，其中的野趣妙意，真是令人流连忘返

图 13　木质拱桥连接两边园区景观

图 14　远山近景亭中息

图 15　硬质铺装表面洁净、色泽一致、图案清晰、平整度良好、曲线圆滑

图 16　铺装纹样与颜色大气简约，与整体环境风格相协调

图 17　园路铺设透水混凝土，打造一条移步景异的通园之道

二、工程理念

施工过程坚持“资源保护、公平发展、区域协调、城乡统筹、事权明晰”等原则。根据不同地区生态环境特点、不同的生态功能区，确定各区生态保护、生态建设的重点，构建“三核、八廊、多点”的生态网络格局。白塔河田园观光游憩带将突出白塔河沿线特有的田园风光，成为天长市旅游发展的一条重要观光旅游带，一条文化、生态、景观、休闲的旅游走廊。

工程充分利用地形整坡、造型，苗木生长势、定位、外观效果好。硬质铺装表面洁净、色泽一致、图案清晰、平整度良好、曲线圆滑。园建墙面色泽一致无掉灰、横竖线脚平整，屋面装饰牢固整齐。电气照明管道、灯具排列整齐，达到对称居中、协调成线的效果。

三、工程的重点及难点

公司接到施工任务后，仔细勘察地形，充分理解设计意图，合理安排施工，克服场地、天气等多种不利因素。

1. 在施工组织上下足功夫

（1）工程涉及大量的地形改造、河道清淤等工程。施工地段地形起伏较大，河底淤泥深

图 18　茉莉花馆是集规划展示、市民参观等功能于一体的标志性建筑

图 19　天长红草湖游客中心，采用中国古代木结构建筑风格，极具中国文化特色，古朴大气

图 20　一条林荫大道安静幽深，盘踞园区，映日交错，园区深处美景令人无限遐想

厚，机械难以进入，通过科学编制施工组织设计方案，项目部全体施工班组共同努力，严格抓好每一道施工工序，确保了该工程如期、有序的进展。

（2）工期紧，质量要求高。在保证质量和工期的前提下实行划片施工，开创工作面，把前期工作落到实处，为后期工作打下坚实的基础。前期的地形处理，成形一处就完成一处绿化，种一片就管好一片，使整个工程工序相互紧密衔接配合，在质量高、效果好的前提下，按时完成了任务。

2. 在施工技术上结合场地运用新理念、新方法

本工程位于污水处理厂地块，是天然红草生长地，怎样在解决污水净化的同时利用好天然植物，是技术上的难点。我们充分利用海绵城市做法并结合场地进行了技术创新。

3. 在施工工艺上运用专利技术达到事半功倍

本工程点多、线长、面广，施工难度大。为了更好地组织施工，在施工管理过程中，公司充分利用施工现场网络信息管理软件，做到施工现场管理合理高效。因工地面积大又邻近市区及居民区，同时有大范围绿化养护需求，采取降尘及洒水作业每天最少两次，有效解决了施工污染问题。

四、新技术、新材料、新工艺的应用

1. 海绵城市净水系统

搭配各种层次的净水植物，种植底层沉水植物、中层浮水植物、高层挺水植物，有效吸收、积累、分解水中的营养盐类及重金属等多种污染物。结合周边污水处理厂及现场洼地、水塘等，构建沉淀池、曝气池、浅水植物生态处理池、净化水质池等多层级水质处理设施。

同时提供多种水源补给，构建内部水网体系，净化水体水质。对原生湿地采取雨水收集、地下水开采、中水补充等多种水源补给方式，以保障健康湿地的水量需求。构建内部水网体系，以现状场地的地表径流分析为依据，设计场地内的湿地区域，建造永久性水域、半永久性水域，完善湿地生境条件。净化水体水质，软化河底与驳岸，促进土壤呼吸、生态分解。冰心岛用于缓减流速，促进植物吸收。

2. 构建多样性的植物群落、自然的生态系统

以生态净化、四季缤纷、活力空间为主题，结合现状水体，营造城市生态公园。突出季相变化，结合环境形成不同类型特色的植物空间。

以乡土树种为主，因地制宜地保留原生植被，分区种植体现不同特色。出入口区域种植，列陈式分上中下三层部置。天长乡土树种种植区，保留原生树种配植宿根花卉。疏林草坪种植区，疏密精致、开合变化。外围防护林种植区，注重林冠线变化。生态湿地种植区，突出当地红草，打造以生态净化为主的植物群落。

3. 驳岸软化处理技术的运用

充分利用现场地形，分类实施驳岸软化处理方式。石笼式驳岸：两岸改造空间小的地段利用石笼软化岸堤，用木平台加石笼生物工程驳岸打造驳岸景观。自然缓坡式驳岸：两岸改造空间大的地段利用自然放坡入水，加以植物根系、石头、捆绑柳条、自然木桩等固留底土。

4. 在施工工艺上运用专利技术

为了更好地组织施工，本工程在施工管理过程中充分利用施工现场网络信息管理软件，做到施工现场管理合理高效。同时根据项目特点大胆运用手持排线式卷线装置排线方法，解决了因场地面积大排线不规则，容易造成卷

线、折线等问题，同时改变多人同时作业，节省了劳力。该项技术已申报专利，专利号为2018100805456。

因工地面积大又邻近市区及居民区，同时需要大范围绿化养护，降尘及洒水业每天最少两次。为有效解决这个问题，项目大胆运用公司新型环保市政道路洒水作业专利设备（专利号为2018101181746）。该设备机架上设有敞口作业装置，利用滑口使作业更方便。

5. 注重利用新材料

本工程采用透水砖、透水混凝土，太阳能地坪灯等多种新型材料。

6. 采用先进的工程管理系统

本工程采用了如下工程管理软件系统：

（1）园林绿化工程施工质量管理系统V1.0，登记号为2018SR700855。

（2）绿化景观项目工程测量数据综合管理系统V1.0，登记号为2018SR699910。

（3）园林绿化工程施工进度管理系统V1.0，登记号为2018SR700577。

项目荣誉：

本项目获2019年度江西省园林绿化优质工程金奖。

武汉万科花山紫悦湾项目二期高层景观工程

——武汉农尚环境股份有限公司

设计单位：湖北大成易景建筑景观设计工程有限公司

施工单位：武汉农尚环境股份有限公司

工程地点：湖北省武汉市洪山区花城大道北侧

项目工期：2017年3月1日—2018年8月30日

建设规模：23129平方米

工程造价：1136.72万元

本文作者：胡　超　武汉农尚环境股份有限公司　项目经理

陈星星　武汉农尚环境股份有限公司　成本经理

图1　园路铺贴

图 2　树形优美的乔木

图 3　门栋拐角边景 1

图 4　门栋拐角边景 2

一、工程概况

武汉万科紫悦湾二期工程位于武汉市洪山区花城大道与梅城路交界处，位于严西湖边，周边湿地公园湖环绕，处于花山生态新城中心，紧邻光谷希尔顿度假酒店，环境优美，通过严西湖隧道直达三环线，交通便利。该工程合同总造价 1136.72 万元，其中绿化面积约 23129 平方米（图 1 ～图 20）。

图 5　休闲仿木廊架

图 6　透水砖园路与塑胶走道搭配

图 7　童趣空间

图 8　游乐园周边绿景

图 9　园路景观层次设计

图 10　绿树成荫

图 11　幽静小路乔灌木种植搭配

武汉万科紫悦湾二期高层景观工程，施工内容含地面基层结构及面层铺装、绿化种植及堆坡造型、土方回填及开挖等。植物配置上，该工程以乔木为主，通过乔、灌、地被、草的综合配置，达到良好的视觉效果；园建小品方面，廊架、小品、景墙，儿童游乐区等在小区内交相辉映，重点突出整体的灵动性。

图 12　路面及台阶铺装

图 13　乔木、灌木层次搭配

图 14　耐践踏层状结构草坪铺设

图 15　小区公共健身区域

二、工程理念

本项目无景观结构立体造型，具有铺装面积大、水景多、大乔木多等特点，通过对乔木及中层次小乔木的树型、冠幅饱满度的选型，灌木的种植密度、线条的控制、龟背手法的把握和土坡造型营造立体景观效果。

采用钢结构木纹漆工艺，打造低成本、安全、耐用、美观、环保的休闲长廊，与高楼、绿树交相呼应，带给小区居民无限乐趣。

图 16　园路拐角边景及塑胶走道

图 17　休憩园路景观 1

图 18　休憩园路景观 2

三、工程的重点及难点

由于整个工程施工面积和范围空间较大，主要以大面积的阳光草皮，堆坡整形及草皮铺设质量要求较高。为确保项目施工进程的顺畅推进，项目部合理配备专业素质及施工技术优秀的施工班组进行专门施工，从而顺利完成了以下重、难点工程。

1. 堆坡整形

该工程多为地形草皮铺设。建筑之间地形起伏较大，营造自然山丘的起伏造型，再配合植物及草坪的铺设，给人以回归自然的感觉。在地形内设置多条穿插的小园路且石材规格及样式多元化，在人行环路和机动车环路之间的区域也采用不同石材及色彩的穿插拼贴。在整个项目的面层铺装过程中，通过对不同贴面材料的运用，突出层次感和色彩感，增强了空间感及园区的意境。

2. 成品保护

因整个工程中园建铺装工程场地拥挤、工期紧、施工单位多，总包、市政等多家施工单位同步施工，各单位交叉施工多，会对施工工

图 19　楼前小道边景

图 20　廊架景观边景

作面造成一定的破坏。施工场地人流量比较大，而且存在边施工、边开放的情况，故对施工成品的保护要着重考虑、重点部署。

3. 面层施工

由于涉及大量混凝土预制品，首先要从材料本身质量抓起，对预制品的外观、规格、养护期强度、几何尺寸等多方面严格控制，杜绝使用有色差、缺边掉角、毛边、光面与气孔面混杂不统一等不合格的产品。对施工工艺、先后顺序、细部处理要求较高，耗时、主（辅）材损耗大及需人工控制。材料的预先组织和订购也是保证整个工程工期的重点环节，特别是预制品要充分考虑到养护期，以确保成品的强度。

四、新技术、新材料、新工艺的应用

1. 钢结构木纹漆

木纹漆是在普通钢结构上做出仿木纹效果的一种工艺。本项目在廊架的施工中采用了钢结构木纹漆工艺，既避免为了环保采用防腐木带来的成本高及安全性和耐久性等方面的问题，还满足了美观、环保的需求。钢结构木纹漆的价格低于普通防腐木好几倍，而且使用寿命至少 20 年，耐用、安全、美观大方。

2. PC 铺装

园林铺装 PC 一般采用水泥砂浆铺贴法，在安装期间，PC 板（块）会出现类似“水印”的斑块，随着砂浆的硬化和干燥，水印会稍微缩小或分散地出现在 PC 板（块）中。随着时间的推移，特别是遭遇雨水或潮湿天气，铺装石材会出现泛碱或“流泪”现象，严重影响景观效果。在武汉万科紫悦湾二期高层景观工程中，重要部位的墙面 PC 板和水景石材铺贴分别采用了胶贴和干挂的施工工艺，从而很好地解决了泛碱问题。

武汉万科紫悦湾二期高层景观工程在合理考虑平面种植的疏密和轮廓线的前提下，运用丰富多彩的植物进行多层次配置，将绿色引入道路空间，形成花叶相印、层次丰富、尺度适宜、景观有序的城市绿道景观，成为武汉一道亮丽的风景线。

吉安市委党校新校区园林景观工程

——天堂鸟建设集团有限公司

设计单位：吉安市建筑设计规划研究院

施工单位：天堂鸟建设集团有限公司

工程地点：江西省吉安市委党校新校区

项目工期：2015 年 1 月 8 日—2018 年 1 月 11 日

建设规模：67312 平方米

工程造价：6089.34 万元

本文作者：蔡福兰　天堂鸟建设集团有限公司　高级工程师

殷云芳　天堂鸟建设集团有限公司　中级工程师

图 1　大门入口景观

一、工程概况

吉安市委党校新校区园林景观工程位于吉安市庐陵新区，含园林景观、绿化及附属工程等 67312 平方米，总投资 6089.34 万元。工程内容包括土方挖填方及运转、场地平整及地形塑造、给排水安装、园林小品及铺装（嵌草砖停车场、长廊、置石、水体及驳岸、木栈道、木平台及石桌椅）、苗木种植养护、庭院灯安装、指示牌安装和健身器材安装等（图 1 ～图 20）。

图 2 休憩小游园鸟瞰图

图 3 清水湖全景图

图 4　清水湖阳光大草坪

图 5　长廊全景

图 6　水映长廊

二、工程理念

整个校区分 4 个区：主入口区、运动区、竹林静谧区、生态湖面观光学习区。主入口区设有铭石、花坛等景观元素来引导工作人员、学员进入校区。运动区设有健身器材，供工作人员、学员锻炼和活动。竹林静谧区设有竹林小道供人们散心思考。生态湖面观光学习区，因地制宜，设有学习长廊、亲水平台。

本项目以湖面为景观核心，以乡土文脉为线索，以水绿风光为基质，以生态文化为特色，将整个校区打造成为庐陵新区一座新型绿色生态园林式学习场所。

三、工程的重点及难点

本项目中的植物种植，采取“先高后低、先内后外”的原则；种植顺序为“大乔木—小乔木—灌木—地被植物”。植物配置的多样性要求：注意植物天际线；前景树及孤植树的选择，突出重点种植；多重绿化层次塑造；常绿与落叶树木的搭配。

在施工方面，进行大面积花岗岩铺装施工，将生态湖面与长廊相结合，采用了公司自有专利，以及胶贴和干挂工艺铺贴技术，还采用了透水混凝土等新材料。

在施工管理方面，明确分工，降低了材料成本。材料的品质、数量，以及能否及时供应是决定工程质量和工期的重要环节，因此，公司对材料进行严格把控。准备工作的要点是：品质合格，数量充足，

图 7　长廊内景

图 8　主廊景观

图 9　移步换景

图 10　眺望亭

价格低廉，运输方便，不耽误使用。在保证材料品质的前提下，本着就地取材的原则，广泛调查材源、价格、运输道路、工具和费用等，做好技术经济比较，择优选用，同时根据使用计划组织进场，力争节省投资。

加强质量管理，控制返工率。“以一流的技术管理，创一流的工程质量”，力求技术创新、管理到位，始终保持工程质量处于可控状态，要求分项工程合格率达到 100%，并重点抓好一次合格、一次成优。以分项工程质量来保证分部工程质量，从而使单位工程达到合格标准。组织均衡施工，加快了施工进度。采用施工合理化建议和降低成本措施，取得了预期的效果。

四、新技术、新材料、新工艺的应用

1. 新技术的应用——截污装置

本项目在生态湖面建设过程中采用了公司专利技术“一种用于生态建设的截污装置及其施工方法”（专利号：ZL 201710647886.2）。该技术能将固体漂浮物进行截留，并能将截留的固体漂浮物及时清除，保持进水顺畅，而且又能将水体中的泥沙沉积在集料框中，可提高进水口处水体的纯净度，改善生态环境。

在植物种植期和养护期，施用“活力素”“抽枝宝”等来提高植物的成活率。

2. 新材料的应用——透水混凝土

近年来，海绵城市建设越来越受到重视，结合建设美丽乡村的环保理念，本项目采用了透水混凝土。它是一种观念创新的新型材料，用粗骨料表面包裹一层薄浆料，相互粘结成蜂窝状，能让雨水渗入地下，有效地消除地面上的油类化合物等对环境的污染及危害。其特点是高透水性、高承载力、良好的装饰效果、易维护性、抗冻融性、耐用性、高散热性等。

3. 新工艺的应用——胶贴和干挂工艺铺贴

园林铺装石材一般采用水泥砂浆铺贴法，在安装期间，板块会出现类似“水印”的斑块，甚至泛碱。本项目景观石材铺贴采用了胶贴和干挂的施工工艺。其特点是基层使用钢骨架，用不锈钢挂件与石材连接，从而有效避免了传统工艺因溢浆产生泛碱现象，提高了装饰质量和整体美观效果。该工艺所呈现的铺贴效果更为平整、美观，亭和小品质感档次更显高端。

本项目综合新技术、新工艺、新材料的应用，并借助长廊、置石、水体及驳岸、木栈道、小品造景元素，使得运动区、竹林静谧区、生态湖面观光学习区功能明确，受到广大师生的一致好评。

图 11　水天一色

图 12　亲水平台

图 13　亲水防腐木护栏

图 14　驳岸置石

图 15　幽径点石

图 16　校区主干道

图 17　树阵广场

图 18　静思广场

图 19　半月花架

图 20　清水湖树阵

赣州华润万橡公馆项目园林景观工程

——天堂鸟建设集团有限公司

HISTORIC BUILDING GARDEN

设计单位：深圳市三分地设计事务所

施工单位：天堂鸟建设集团有限公司

工程地点：江西省赣州市河套老城区 VI-I-02、03 地块（原八〇一厂）

项目工期：2018 年 12 月 1 日—2019 年 5 月 20 日

建设规模：42345.88 平方米

工程造价：1540.80 万元

本文作者：蔡福兰　天堂鸟建设集团有限公司　高级工程师

李　丽　天堂鸟建设集团有限公司　中级工程师

图 1　项目鸟瞰图

图 2　端庄气派的万橡公馆主入口

一、工程概况

赣州华润万橡公馆项目园林景观工程，于 2018 年 12 月 1 日开工，至 2019 年 5 月 20 日完工。工程内容包括：园林土方工程、园林铺装工程、园林建筑装饰工程、园林家具小品供应及安装、园林绿化工程、沥青道路工程、电气工程、给排水工程等。本项目综合新技术、新工艺、新材料的应用，并借助木质、钢构、小品造景元素，为华润万橡公馆营造出了诗意盎然的宜居环境（图 1 ～图 20）。

图 3　景墙与植物的完美组合

二、工程理念

定位高档住宅，遵循生态性、景观多样性、因地制宜、以人为本的原则。结合周边绿化，使景观完美融合，构建人与自然和谐共生的生态景观意境。在细节上充分借用植被、小景、建（构）筑物等各种表现元素，营造出现代典雅、诗意盎然的气息。

图 4　绚丽多彩的植物景观

图 5　诗意盎然

图 6　景与构筑物的完美结合

图 7　新型材料 PC 砖

图 8　多元素的组合

图 9　美轮美奂

图 10　新工艺造就的高端

图 11　儿童的新天地

图 12　宽阔绿地与组团景观

图 13　入户空间

图 14　层次丰富

图 15　曲径通幽

图 16　色彩缤纷的硅 PU 铺装效果 1

图 17　色彩缤纷的硅 PU 铺装效果 2

图 18　错落有致

图 19　视野通透

图 20　序列之美

注重节点空间景观打造，主要体现在以下方面。

入口及轴线景观打造：采用阵列的栽植方式，突出轴线的序列美感，用不同的植物品种表达场地空间的独特性。

入户空间景观打造：用不同品种的苗木表现入户空间的独特性，用层次丰富、造型优美的灌木线打造精致的入户景观。

组团绿地景观打造：层次丰富的植物群落，以常绿植物为主，搭配适量的芳香、开花和彩叶植物，形成疏密有致、绚丽多彩的植物景观。

三、工程的重点及难点

整个工程施工面积较大、施工工艺要求高，为确保项目顺利推进，工程项目部配备了专业素质及施工技术水平较高的团队进行施工和管理，主要完成了以下重点、难点工程。

1. 苗木种植

本工程为高端住宅，植物配置上以乔木为主，通过乔、灌、地被、草的综合配置，力求达到良好的视觉效果。苗木种植期及养护期采用专利产品及技术“一种高效率自动智能灌溉系统”（专利号：ZL 201710586696.4），实现了苗木种植和养护的精细化管理。同时还采用了专利产品——“一种园林用土壤翻松装置”（专利号：ZL 201721285675.0），大大提高了工作效率，减轻了工作人员的劳动强度，降低了工程成本。

2. 铺装工程兼具功能性与美观性

铺装排水坡度符合设计要求，有泛水、无积水，硬质路面表面平整。铺装石材规格及样式多元化，不同石材及色彩的穿插拼贴，与地形、植物、建筑相结合，将小区内外空间进行分隔，创造出咫尺天地包罗万象的园林景观效果，增强了空间感及意境。重要部位的墙面石材和水景石材铺贴，分别采用了胶贴和干挂的施工工艺，从而很好地避免了泛碱现象的产生。

3. 打造特色园林景观

本工程在施工中大量使用新材料、新技术、新工艺，应和了特色园林风格的设计理念与定位。借助木质、钢构、小品、造景等各种现代表现元素，营造出环境宜居、水流绿荫、诗意盎然的园林景观特色。

四、新技术、新材料、新工艺的应用

1. 新技术的应用

（1）一种园林用土壤翻松装置（专利号：ZL 201721285675.0）。

在种植养护过程中，土壤翻松是一项重要而难施工的工作。土壤翻松对土壤通透性十分重要。土壤通气性能的好坏直接影响土壤的肥力，进而影响作物生长。土壤通气不良，则氧气不足，将抑制作物根系的呼吸作用，进而大幅削弱根系吸收水肥的能力。

在项目施工中的场地平整期，采用了“一种园林用土壤翻松装置”专利产品，其结构简单、使用方便，能在支撑杆上伸缩调节长度，从而减轻劳动强度，使工作效率大为提高。

（2）一种高效率自动智能灌溉系统（专利号：ZL 201710586696.4）

传统园林绿化灌溉方式主要是地面漫灌（通过胶皮管、洒水车等简单的浇灌工具取水，以地面漫流的形式，输送至土壤表面供植物吸收）。这种传统的灌水模式，水量浪费很大，而且容易对土壤造成冲刷、盐碱化等危害，对植物正常生长不利，也不适应建设节约型园林的要求。

在本项目的苗木种植期及养护期采用了“一种高效率自动智能灌溉系统”专利技术，实现了苗木种植和养护的精细化管理，减少绿化养护用水，节约了水资源，并能保证植物水分的及时供给。

2. 新材料的应用

（1）PC 砖

本项目园林景观铺装新材料的运用与展示广泛且新颖，建造中运用了大量新型材料，结合本项目的生态环保理念，在主要入口和商业街采用了 PC 砖。

PC 砖是由将相对应配方的天然石粉破碎成不同数目大小，混合不同效果的岩片、云母片或不同的无机型配色片材，与高强度等级水泥、一定的外加剂、亮光剂或防水型无机材料按照一定比例振动成型，经蒸汽养护，铣磨出火烧、荔枝、条纹或方格图案，最终呈现出天然石材的质感和效果的工艺。PC 砖铺装仿石效果良好，又实现了综合工程造价的平衡，为工程建设“降本增效”提供了新的材料选择。其特点：绿色、低碳、环保；高品质、低成本、低能耗、多样式、耐久性强、易施工。

（2）硅 PU

作为高端住宅类项目，在运动区和儿童游玩区使用了专业弹性合成的硅 PU 材料，其有易施工、易维护、耐磨性好的特点，符合人体工程学原理，满足运动物理特性需要。

硅 PU 是一种符合人体工程学原理并满足运动物理特性需要，具有上硬下弹结构特征，通过改性硅弹性粒子等技术，以单组分有机硅改性聚氨酯组成缓冲回弹结构，双组分改性丙烯酸作为耐磨面层，能直接在水泥或沥青基础上施工的健康型专业弹性合成球场面层材料系统。

硅 PU 具有稳定的均匀反弹、实效的缓冲减震、出色的防滑起动、舒适的变向移动等出色效能。其特点有振动吸收好、黏合能力强、舒适性好、技术稳定性强、优越的耐候性、超强的耐磨性、出色的抗污性、易施工、易维护，具有理想的综合功能。

3. 采用新工艺——胶贴和干挂工艺铺贴

园林铺装石材一般采用水泥砂浆铺贴法，在安装期间，石材会出现类似“水印”的斑块，甚至泛碱。在本项目中，景观石材铺贴采用了胶贴和干挂的施工工艺。其特点是基层使用钢骨架，用不锈钢挂件与石材连接，从而有效避免传统工艺因溢浆产生泛碱现象，提高了装饰质量和整体美观效果。石材铺贴新工艺所呈现的效果更为平整、美观，景墙和景亭质感档次更显高端。

综合新技术、新工艺、新材料的应用，并借助木质、钢构、小品造景元素，使得华润万橡公馆营造出诗意盎然的宜居环境，受到广大业主的一致好评。

项目荣誉：

本项目被评为 2019 年度江西省园林绿化优质工程金奖。

宝华山佛文化展示暨杨柳泉古山镇复建项目建设工程施工

——广州市园林建筑工程公司

HISTORIC BUILDING GARDEN

设计单位：广州市园林建筑工程公司

施工单位：广州市园林建筑工程公司

工程地点：江苏省句容市宝华山国家森林公园北门外

项目工期：2014 年 7 月 1 日—2015 年 12 月 31 日

建设规模：40000 平方米（其中，绿化面积 7000 平方米，古建面积 33000 平方米）

工程造价：20000 万元

本文作者：张远环　广州市园林建筑工程公司　高级工程师

麦志衡　广州市园林建筑工程公司　高级工程师

关　杰　广州市园林建筑工程公司　一级建造师

图 1　宝华山鸟瞰图

一、工程概况

宝华山佛文化展示暨杨柳泉古山镇复建项目是在原有开放景区宝华山国家森林公园的基础上作为景区配套和提升的建设项目。

项目建设总占地 120 亩，项目核心区域坐落在原宝华山国家森林公园北门入口约 80 亩的地块上，宝华山北山余脉环抱，地块内高差起伏较大，山体泄洪沟渠纵横。建设约 30000 平方米以一、二层仿古建筑为主的景区，在设计和施工中都存在较大难度。同时，项目要求建成开放后带来与苏南世人熟知的“江南水乡”具有显著差异的别样山水山镇景区的别样特色（图 1 ～图 20）。

图 2　屋顶

图 3　亭廊

图 4　放生池

图 5　秦淮之源水阁

图 6　玉泉湖

图 7　四方佛阁

图 8　宝志公祠

图 9　四方佛阁

图 10　杨柳山泉

图 11　龙藏浦

图 12　宝志公祠

图 13　山墙

图 14　乾隆间展馆

图 15　秀外巷

图 16　花窗

图 17　宝志公祠全景

图 18　乌龙桥

图 19　乾隆年间

图 20　龙藏浦夜景

二、工程理念

本工程的现场实际情况及工程特点主要包括工作面长、工程量大、工期较短、配合多、管理难、质量要求高，且建筑物、构筑物较多等，针对这些情况，工程项目部采取点、线、面展开施工，对工期较长的建筑物、构筑物首先进行施工，争取时间，建筑、水电、给排水同时交叉进行，以确保工程施工能够优质、快速、安全、文明地完成。

本工程专门制定了整体性、风貌性和原真性保护三大原则。在保护开发中，将有特色的建筑予以完整保护，保证建筑群体整体风格的和谐，注重古村的自然景观、生态景观和人文景观的有机协调和统一，对各类古建筑的修复严格遵循修旧如旧、科学规划、重点突出的原则，进行小规模整修，保持各类建筑的完整性和原味性，满足现代化村落民居居住生活与旅游活动的要求；合理控制古村落内居住人口的数量以及当地旅游环境的容量，确保后沟古村落历史文化资源得以完整的保护。

三、工程的重点及难点

本工程施工过程中，有土建构筑物结构及装饰、仿古亭、园林道路和广场及给排水工程、绿化等多工种、多专业交叉施工，必须做好计划和协调工作。

模板工程是本工程施工的难点之一。该工程模板工程复杂构造比较多，如仿古亭梁柱构造、花架梁柱、回廊等。

本工程为古建筑工程，有大量仿古油漆项目，而工程经历梅雨季节，木材必须选用干透木料，油漆施工必须在底层干透后才可进入下一工序。

本工程场内多项目同时施工，场内材料运输路线长，个别需要二次转运。

四、新技术、新材料、新工艺的应用

园林仿古建筑暂不涉及新技术、新材料、新工艺。本工程专门制定了整体性、风貌性和原真性保护三大原则，保留具有特色的建筑整体，保证建筑群体整体的风格和谐，注重古村的自然、生态和人文景观的有机协调和统一。

项目荣誉：
本项目获中国风景园林学会科学技术奖园林工程银奖。

后渚立交箱植同安红三角梅工程

——广州市园林建筑工程公司

设计单位：中国城市建设研究院有限公司福建分院

施工单位：广州市园林建筑工程公司

工程地点：福建省泉州市后渚立交高架桥

项目工期：2017年10月—2017年11月

建设规模：8773米

工程造价：1384万元

本文作者：肖　勇　广州市园林建筑工程公司　高级工程师

岑柳成　广州市园林建筑工程公司　高级工程师

谢彩凤　广州市园林建筑工程公司　工程师

图1　后渚立交全景1

一、工程概况

本工程为后渚立交箱植同安红三角梅工程，工程地点位于福建省泉州市后渚立交高架桥（图 1 ～图 4）。工期为 50 个日历天。主要工作内容包括桥面外挂玻璃钢花箱、箱植同安红三角梅约 8773 米、泵房建设、桥面花池支架和铝塑板安装固定、给水管和排水管安装等。质量标准为合格。项目于 2017 年 10 月开工，2017 年 11 月竣工验收合格。

二、工程理念

园林绿化工程具有综合性、艺术性和独特性。其内容多样化、复杂化，具有施工方法不一、质量要求不一、季节性强、受自然条件影响大等特点，因而施工质量比一般工程项目更难以控制。

1. 做好施工前的组织设计（方案）编制

对施工单位的施工方案进行详细的审查。本项目主要包括绿化工程中的高架桥种植槽安装、种植前土壤处理、苗木运输和假植、种植穴（槽）挖掘、苗木种植、给排水工程等。力求方案详尽，做到施工方法先进、技术合理、安全文明施工，确保工程质量。

2. 严格控制园林绿化材料的质量

严格控制材料质量。对业主采购的苗木，要求在苗木进场前，先对苗木的名称、规格、数量、产地及苗木检疫单进行复检，对不符要求的苗木一律清退，不得用于工程。这其中包括各种绿化管材、种植槽材料等。从货源到使用认证，严格做到层层把关。

3. 种植前的施工质量监控

选择肥沃、疏松、排水良好的种植土壤，栽植土的 pH 值应控制在 6.5 ～ 7.5，对喜酸性的树木 pH 值控制在 5 ～ 6.5，对于不适合树木生长的栽植土进行换土处理。种植过程中只有将植物的生态要求和土壤的生态特性统一起来，植株才能长势良好。改造前的有些绿地脏、乱、差，遍地都是垃圾，不利于苗木生长，故有针对性地进行了换土。栽植前的场地整理、种植穴的大小及深度、种植的苗木以及栽植过程均严格按《园林绿化工程施工及验收规范》（CJJ 82—2012）执行。每道工序验收合格后才可进入下一道工序。

4. 种植过程中的施工质量监控

做到及时通知监理旁站监理，苗木进行修剪，保留骨架，摘去大部分树叶，以减少植株的水分蒸发。种植时，土球经初步覆土塞实后可将土球包扎物自上而下小心解除，随后填土，分层捣实，待填土达土球深度的 1/3 时，边填土边灌水，浇足第一次水。

5. 加强园林绿化工程后期养护管理

加强园林绿化工程后期养护管理是保证园林绿化工程质量的重要环节，即绿化养护期规定为苗木一个生长季节，目的就是确保绿化苗木成活，生长良好。园林绿化工程后期养护管理是苗木成活的关键，如果园林绿化工程施工优良，但绿化养护管理不到位，将严重影响园林绿化工程景观效果，影响工程质量。俗话说：“三分栽，七分管”，如果后期养护管理不到位，会出现各种质量问题，如浇水不及时，导致苗木成活率低；除草不及时，导致绿地杂草丛生；打药治虫不及时，导致病虫害严

图 2　后渚立交全景 2

图 3　后渚立交勒杜鹃花带

图 4　勒杜鹃箱植细部

重。因此，必须加强园林绿化工程后期养护管理工作，确保工程质量。另外，加强养护服务质量，对桥梁三角梅的花期进行人为干预和控制，达到建设单位各节点开花要求，做到四季常绿、三季有花，并在各大活动保障中表现突出，为泉州园林绿化争光添彩。

6. 完善园林绿化工程竣工验收资料

完善园林绿化工程竣工验收资料的整理是园林绿化工程质量控制不可缺少的部分。竣工验收是施工阶段的最后环节，也是保证合同（工程任务单），提高质量水平的最后一道关口，通过竣工验收，全面综合考察工程质量，保证竣工项目符合设计标准、规范等规定的质量标准要求。

三、工程的重点及难点

主要工程量包括钢支架焊接、玻璃钢花箱安装、轻质土回填、三角梅栽植、给排水系统及铝塑板安装等。本工程的特点是工程量大、工期较短、配合多、管理难、质量要求高，针对上述情况工程项目部采取合理的施工组织，通过点、线、面展开施工，合理安排建筑、水电、植物种植等工序同时交叉进行，以确保优质、快速、安全、文明地完成工程施工。

四、新技术、新材料、新工艺的应用

该项目主要技术点在于勒杜鹃的花期控制。

在选苗阶段做好适苗适盆，选择适合的盆苗。种植土配置比例为：黄土：塘泥：粗木糠为 4 ∶ 4 ∶ 2。适时修剪能更好地塑造盆栽勒杜鹃的造型，通常雨水充沛，植物生长快，正是修剪定型的好时机。除此之外，控制水分也是花期控制的重要手段。浇水时间选择早晚为宜，午间向叶面喷洒水数次，以免干燥空气和高温灼伤叶子。勒杜鹃要求薄肥勤施，不能浓肥，以免伤根系。在病虫害防治方面，用 80% 敌敌畏或者 40% 氧化乐果 1000 倍液喷雾防治。

该项目通过选苗、种植土、光照、水肥及病虫害防治各方面手段，保证了勒杜鹃长时间开花，形成了靓丽的立交景观。

项目荣誉：

本项目获 2019 年度广东省风景园林与生态景观优良样板工程金奖。

和昌运河东郡四期景观工程

——扬州意匠轩园林古建筑营造股份有限公司

设计单位：泛亚景观设计（上海）有限公司
施工单位：扬州意匠轩园林古建筑营造股份有限公司
工程地点：江苏省扬州市文昌东路与京杭路交叉口
项目工期：2017 年 10 月 13 日—2018 年 8 月 9 日
建设规模：56000 平方米
工程造价：1696.07 万元

本文作者：谢林勇　扬州意匠轩园林古建筑营造股份有限公司　项目经理
孙　飞　扬州意匠轩园林古建筑营造股份有限公司　项目技术负责人

图 1　项目鸟瞰

图 2　小区入口鸟瞰

图 3　儿童活动区

图 4　健身活动区

图 5　休憩小亭

一、工程概况

和昌运河东郡位于江苏省扬州市文昌东路与京杭路交叉口，占地面积约 56000 平方米，施工内容包括：土方工程、硬质景观工程、绿化工程、景观照明工程、水景工程（图 1～图 18）。和昌运河东郡四期景观工程的建设单位为江苏和昌置业发展有限公司，监理单位为扬州市建卫工程建设监理有限责任公司，施工单位为扬州意匠轩园林古建筑营造股份有限公司。

图6　小区植物景观

图7　景观雕塑

二、工程理念

和昌运河东郡项目景观工程，运用中国园林的细腻，突出表现在乡土植物的应用和扬州园林风格的融合，师法自然，以街、园、花、木为延续，布局有序严谨，层次分明，轴线深远，动静有序、环环相扣、恢弘对称，在纵横捭阖的公共空间包容私密温馨的邻里交流场所，形成了儿童游乐、有氧活动、邻里交流、家庭休闲的空间，满足了不同业主的需求，带给人们极致经典的享受。

图 8　水景 1

图 9　水景 2

图 10　植物层次设计 1

图 11　植物层次设计 2

图 12　植物层次设计 3

图 13　植物层次设计 4

图 14　植物层次设计 5

图 15　园路铺装 1

图 16　园路铺装 2

图 17　小区入口

图 18　小区园路

三、工程的重点及难点

和昌运河东郡四期景观工程由于工期和季节气候的影响，围绕业主的总体布署，各分部分项工程的施工过程中，在施工方法、施工技术方面采取了相应的措施。

1. 适地适树，地方特色

扬州传统园林一直具有“野趣”的植物造景特征，因此工程坚持适地适树的原则，强调地方特色，以乡上性、适应性强的树种为主导，适量引种观赏植物，满足功能、景观要求，形成整体效果统一和各具特色的绿化景观效果。因此，具有适应性广、抗逆性强、易养护管理、易就近取得、能自然繁衍成林、具有地方特色的乡土树种，理所当然地成为“生态优先”的最佳选择。

在施工过程中，公司设计研究中心参与审图、完善深化设计，同时在施工过程中，注意扬州及江苏地区的乡土树种种植特征，如香樟、栾树、朴树、樱花、紫薇、桂花、银杏等，以此为主组建植物群落。

2. 四季分明，移步换景

本项目植物景观以对称式为主，项目部根据气候对树种进行了统一的、有序的规划与分布，伴随四季交替呈现出不同风情——春则繁华似锦，夏则绿茵暗香，秋则霜叶似火，冬则翠绿常延。同时，项目部在施工过程中，将景色层层交错递进，各种小景依次铺开，园林中的亭子、树木、灌木、雕塑、水景，勾勒出无限气派。与扬州城山林融为一体，亦彰显区域自己特质。

为丰富植物生态多样性及层次变化，项目部通过大小乔木、大小灌木、地被植物与草坪、花卉五个视觉层次的结合，苗木配置以常绿树为基调树，色叶树穿插其间，再配以乡土果类植物，在乔灌、地被、草坪的选择及搭配上巧用植物特点，高低错落、生态饱满、层次分明，植物造景效果突出，季相变化丰富，真正做到了移步换景、三季有花四季常青，使园林景观产生了丰富的层次感，并更加亲人，为业主营造出一个温馨舒适的自然交流空间。

3. 硬质景观，精美细致

硬质景观作为和昌运河东郡四期景观的一个重要组成部分，项目部通过对入口、道路、空地、广场等进行不同形式的印象组合，在营造空间的整体形象上发挥了极为重要的影响。

和昌置业公司对道路铺装及小品施工的质量要求严格，做工要求精细，各种材料对接处理要求到位，铺装的平整度要求高。项目部运用丰富多彩的建筑材料、多样化的铺装形式，使得硬质景观不论是形式还是颜色的搭配都显得多姿多彩。

硬景铺装中运用了大量的拼花图案，线条流畅大方，围栏、石材线条的加工精美细致，用料考究，异形部位、接口处处理到位、做工精细，增强了景观的立体感和层次感。

为确保和昌运河东郡四期景观工程的施工全面达到设计意图，项目部在硬质景观建设过程中还引入了工厂化概念，铺装板材、异形板材、接口部位在加工场一次切割成型，杜绝了施工现场的二次加工。

各类规格板材的尺寸误差严格控制在 0.5 毫米以内，做工十分精细、用料极为考究。所有铺装石材采用最新的石材粘结剂和填缝剂，在加强粘结力度、防止石材脱落的同时，防止石材泛碱、流泪，保持石材的表面整洁。园路的铺装使用透水砖和透水混凝土，做到园路无积水，既利于雨水的自然渗透，又预防了因路面积水而造成行人滑倒的现象。

4. **科学组织，管理到位**

公司承建伊始，选派曾经有创优业绩的项目经理担任该项目工程项目部的项目经理，项目管理班子专业齐全，专业班组采用计件计量承包，限量领料，项目管理做到了人员精干、分工明确、管理到位。

为确保该项工程质量达标，和昌运河东郡四期景观工程项目部按照科学施工组织设计的要求，牢固树立品牌意识、质量意识、责任意识，落实过程管理，严格控制各个施工环节，从清理场地开始，到整理便道、外进土方、土方堆筑、土方造型等，再到最后的苗木种植，全部做到事前认真审图、积极与监理和甲方沟通协调，施工过程严格安全质量检查、事后及时总结经验和教训。

由于严格按照项目管理规范的要求进行组织施工，工程自开工到竣工未发生任何安全和质量事故，各分部分项质量全部验收合格，全面实现了投标时的承诺，并取得了较好的经济效益，受到建设单位的好评。

四、新技术、新材料、新工艺的应用

本项目注重的创新点，一是应用了海绵城市的优秀做法，如透水混凝土，加快雨水渗透，以及陶土透水砖，其技术性能指标符合《透水路面砖和透水板》（GB/T 25993—2010）的要求；二是在灌溉系统以多种植物的水分需求进行水量转接，有效地节约了成本；三是植物种植处理，由于自然土性质较差，因此采用 ABT_3 生根剂使常绿树种的生根加速，提高成活率，在种植苗木植物时，采用国光施肥法，快进补充植物所需的高活动性物质，使植物生长健壮，适应能力增强，保证了植物生长效率。

马南路立交桥绿化工程施工（二标段）

——安徽腾飞园林建设工程有限公司

设计单位：济南园林集团景观设计有限公司
施工单位：安徽腾飞园林建设工程有限公司
工程地点：淄博市张店区马南路与张博路交叉口
项目工期：2018 年 8 月 29 日—2019 年 6 月 1 日
建设规模：43000 平方米
工程造价：1320.80 万元

本文作者：王盼盼　安徽腾飞园林建设工程有限公司　办公室文员

图 1　花团锦簇，春意盎然

图 2　丰富的植物搭配

图 3　景观小品

一、工程概况

马南路立交桥绿化工程项目绿化总面积 43000 平方米，主要内容包括工程量清单包含的附属建筑小品、照明系统、给排水工程、景观绿化工程及配套设施等所有分项工程等。包含园路及广场铺装 2952.66 平方米，乔灌木栽植 7031 株，栽植地被模纹 41892 平方米，安装景石 950 吨，安装花架 1500 米及其他配套设施。通过以乔、灌、花、草和景观小品、特色雕塑相搭配，打造浓荫覆盖、层次丰富、品种多样的特色游园（图 1 ～图 20）。

图 4　特色雕塑景墙

图 5　绿化修建整齐、造型丰富

图 6　户外休息空间

图 7　户外休息座椅

图 8　植物造景丰富

图 9　游园道路铺装

图 10　游园道路铺装平整，无松动、残缺

图 11　铺装整齐统一，区域边界划分明确

图 12　铺装面层勾缝密实

图 13　草坪长势良好

图 14　景观树采用原地缩根、缩短起挖运输栽植时间等保活措施

图 15　大树采用撑架扶持

本工程位于淄博市张店区马南路与张博路交叉口，为一立交桥周边绿地绿化工程。主要包括种植土土方工程、小市政、硬景工程、绿化软装工程和景观水电安装工程等。

种植土土方工程：外运垃圾 6.5 万立方米，回填种植土 7 万立方米。

小市政：浇灌管线铺设 DE75PE 管 520 米、DE63PE 管 1050 米、DE50PE 管 950 米、DE32PE 管 850 米、DE25PE 管 120 米。

硬景工程：园路及广场 2952.66 平方米。

绿化软景工程：乔灌木栽植 7031 株，栽植地被模纹 41892 平方米。

景观水电安装工程：打水井 2 眼（深度 150 米），安装景石 950 吨，安装花架 1500 米，建造公厕及管理用房一处。

二、工程理念

项目采取集体管理的方式，统一供苗、专业队栽植、统一浇水、统一管护，严把整地、调苗、栽植、浇水、覆土、管护六道关口，确保了绿化工作高标准、高质量完成，对改善生态环境、防治大气污染、展示城市形象起到了重要的促进作用。

三、工程的重点及难点

本工程的主要特点是施工点相对较多且比较分散，施工机械操作场地有限，工作量大，施工现场交错，施工环境相对较为复杂，所以采取必要措施做好各点平衡是本工程的关键。

难点是现场施工面未达到施工条件，不能完全按照计划工期开展施工，后期如何科学规划、合理安排施工、精确定位以及各部分自然衔接，充分塑造绿化景观，成为本项目重点和难点。

1. 弧线碎拼铺装

碎拼施工效果是由铺装工人技术水平决定的。我公司拥有固定的南方专业碎拼队伍，熟练掌握碎拼铺装工艺。先打小样，评比合格后再行施工。

2. 排版对缝、收边不齐、碎块化

预防措施：设计前期充分掌握平面定位及尺寸。施工阶段，根据设计方案，通过铺装深化图的形式，选择合适的铺装面层规格尺寸及对缝方案。选择定制加工相应规格的铺装材料，并通过编号的方式实现铺装的整体统一。

3. 面层泛碱

预防措施：面层施工前，进行充分浸泡并晾干；采用水泥浆或水泥砂浆作为粘结材料和嵌缝材料时，掺入一定量的缓凝减水剂或防水剂；施工过程中保证粘贴饱满、勾缝密实，以减少雨水侵入的可能；同一施工面上粘贴面砖及嵌缝材料，配比一定要准确、一致，以防止不同配合比砂浆干缩率不同而产生裂缝、空鼓，从而引起雨水浸渗。

图 16　桥木涂层均匀、光滑，设计施工完整

图 17　园路及置石造景

图 18　区域空间优化分明

图 19　行道树栽种整齐

图 20　全天候清扫保洁，随时保持道路及绿带清洁

4. 草坪成活问题

1）重点把控铺装基础侧收边的抹灰问题，保证草的生长条件及草不铺装间的相对高度，使收边整齐、美观。

2）无收边的铺装边线必须严格控制线条挺直、圆润，并保证绿化种植土低于铺装面层 2 ～ 3cm，防止泥水对铺装面层的污染。

3）弱化缝隙的分界，提升整体性。

4）常见问题分析：

（1）路沿石间无勾缝，渗水、绿地浇水后种植土流失

预防措施：勾缝前先将石缝内的土及杂物剔除干净，并用水润湿，然后用符合设计要求的水泥砂浆灌缝填充密实后勾平，用弯面压子压成凹型。用软扫帚除多余灰浆，并应适当洒水养护。

（2）出现斑秃现象，成品草皮铺设接缝明显且不平

预防措施：成品草皮栽植前用 50 ～ 80kg 滚子滚压，铺设 3 ～ 5cm 中砂，找坡平整；成品草皮栽植时要修边，拼缝对齐；加强后期养护管理。

5. 大型苗木的移栽及反季节栽植养护

本工程采用的大规格特选景观树，且有可能反季节栽植。我公司采用原地缩根、加大土球和缩短起挖运输栽植时间等保活措施，确保其长势健壮。

四、新技术、新材料、新工艺的应用

1. 新技术应用

运用弧线碎拼技术：我公司拥有固定的南方专业碎品队伍、熟练掌握碎拼铺装工艺。先打小样，评比合格后再行施工。铺装技术优异，效果很好。

地面石材铺设前，应首先将其拼好纹路，并在干燥状态下，六面均匀涂刷石材保护及防水剂。铺设石材所用的砂子不允许采用海砂，以防泛碱发白，使用干净的河砂进行铺设，并在铺设时严格控制砂浆含水率及密实度。嵌缝材料应仔细检查并掺入防水剂，以防止水分进入粘贴层。现场留置施工逢，勾缝要求用海绵干布等擦净花岗岩石面上的水泥浆痕迹，并用专门制作的勾缝工具进行压缝，同时注意防水处理。

2. 新材料的应用

采用新型环保材料，新型烧结砖、缓凝减水剂或防水剂，天然石材的防辐射技术等，施工过程中保证粘贴饱满、勾缝密实，以减少雨水侵入和危害人体的可能。采用先进施工技术，并定期保养维护。

3. 新工艺的应用

新工艺需结合新技术与新材料，在施工过程中，通过工艺手段对建筑材料进行处理，以减少污染。对人造模板面及端面采取有效的涂覆处理，可减少污染物向室内空气中挥发。对混凝土表面进行一定的处理，可以有效地抑制氡气的扩散。

北京新机场南航基地生产运行保障设施单身倒班宿舍项目Ⅰ期园林绿化工程

——创景园林建设有限公司

设计单位：清华大学建筑设计研究院

施工单位：创景园林建设有限公司

工程地点：大兴区榆垡镇、礼贤镇和河北省廊坊市广阳区之间

项目工期：2019年3月1日—2019年7月15日

建设规模：绿地面积约24175平方米，道路、广场铺装等基础设施占地面积约7071平方米

工程造价：1236.07万元

本文作者：周晓国　创景园林建设有限公司　园林绿化工程师

郭明明　创景园林建设有限公司　园林绿化工程师

图1　2号楼南侧绿化

一、工程概况

本项目位于北京市大兴区榆垡镇、礼贤镇和河北省廊坊市广阳区之间。本工程（图 1~图 20）由南方航空投资进行建设，工程业主为中国南方航空股份有限公司，设计单位为清华大学建筑设计研究院，监理单位为北京帕克国际工程咨询股份有限公司，施工单位为创景园林建设有限公司。

图 2　下沉庭院南侧种植池绿化

图 3　中心区绿化

图 4　中心区小广场周边绿化

图 5　7 号楼北侧地面铺装及绿化

图 6　东入口水景

图 7　中心广场景亭、健身场地

图 8　中心广场健身场地

图 9　5 号楼西侧篮球场

图 10　中心区西侧绿化

图 11　3 号楼下穿道两侧绿化

图 12　2 号楼南侧行道树

图 13　中心区西广场银杏

图 14　中心广场东侧园路铺装

图 15　2 号楼南侧地形、绿化

图 16　中心广场景亭

项目总投资约 1236.07 万元，项目建设面积约 3.2 公顷，其中绿地面积约 24175 平方米，园林铺地、园林景观构筑物及其他造景面积约 7071 平方米。

本工程主要分为 4 个分部工程，主要包括绿化种植工程、园林给排水工程、园林铺地工程、园林景观构筑物及其他造景等工程内容。

园林给排水工程建设运行良好、使用正常，能够满足林木种植和绿地养护的需要，符合节水节能要求。

图 17　下沉庭院周边绿化

图 18　中心区西侧园路铺装、座凳

图 19　中心区西广场菠萝格铺装

图 20　中心区小广场菠萝格座凳

二、工程理念

本项目结合建筑布局的庭院式空间特点，采用与建筑相协调的景观元素，整体设计简洁有序、功能合理富有变化，运用科学合理的设计理念，以整体园区“绿建三星”的标准规划设计，满足员工丰富的活动和使用需求，展现南航员工高效、时尚、健康的生活面貌。

打造优美的生活休闲环境，提升园区整体的品质与形象。使北京新机场南航单身倒班宿舍营造出温馨和谐的氛围，实际体现“家文化”。

工程融入新技术、新工艺，实现了绿色生态、海绵城市的建造理念。打造低碳环保、智慧便捷、活力人文的民航新园区。

绿化工程响应政府号召，为城市园林“增彩延绿”做贡献。根据四季变换，调整植物配比度，使植物在各个生长阶段，都有可供观赏的景色，把北京新机场南航基地生产运行保障设施单身倒班宿舍建设成一个四季有花、季季有景的居住场所，使绿色与人文和谐共生。

三、工程的重点及难点

主要工程施工技术方法及控制要点：本着“先地下、后地上”“先深后浅、先主体、后局部”“先结构、后附属”的施工原则，针对不同位置、不同专业，实行分区分段流水作业。

1. 难点一：涵盖专业多

本项目属于综合性园林绿化工程，施工内容包括测量、土方工程、铺装及小品工程、绿化种植及养护工程、电气工程、给排水工程等。

应对措施：

（1）通过合理规划施工区段，组织流水作业，分段进行资源投入，缓解资源供应压力，提高周转材料周转次数。

（2）组建精干的管理团队，派遣精兵强将组建起一个素质高、具有大型工程施工经验、专业覆盖全面的工程项目部，为项目工期、质量、安全、文明施工保驾护航。

2. 难点二：交叉施工影响、工期紧

在施工范围内，聚集不同的施工单位、各个专业的施工人员，相互之间交叉作业影响施工。

应对措施：

科学合理地协调各单位及作业人员，互相配合，尽可能降低相互之间的影响，提高施工效率。进行 24 小时循环施工，增加人力物力，最终保证了所有土建按期完成。

3. 难点三：反季节施工

前期苗木不具备种植条件，大量苗木在 5 月底种植，气温高，苗木水分蒸发快，影响苗木成活。

应对措施：

（1）采取提前苗木储备、修剪、降温、遮阴，做到当天起苗，当天必须完成种植和浇灌，保证苗木的成活率。

（2）采用生根剂，以及向树干注入营养液、活力素，同时采取“蒸腾抑制剂”对苗木进行均匀喷雾、减少树体水分蒸发等措施，提高植物自身的抗性和生命力。

四、新技术、新材料、新工艺的应用

1. 树池运用 PE 草石隔离带和树木废弃物运用

草石隔离带是一个专门为园艺设计的全新产品，具有良好的可塑性、隔离性和耐久性，无毒无害绿色环保。它可以围出任意的图形，为不同的植物划分区域，阻止根系间的混乱生长，并将废弃树枝及树叶碾碎加工制作成有机覆盖物，覆盖在植物根部。

2. 新型 LED 广场灯和草坪灯运用

新型 LED 广场灯和草坪灯，将一块很小的晶片封装在环氧树脂里面，耗电非常低，使用寿命长，高亮度、低热量，环保、坚固耐用。

低能耗照明灯具的应用为建设工程推广节能、低碳生活提供了源动力，LED 广场灯凭借低能耗、高光效的特性使整个项目更加节能环保。

3. 木亭采用晨阳水漆

本项目木亭采用晨阳水漆。一方面，减少了有机溶剂的挥发，降低 VOC 排放，还可以减少火灾等安全隐患的发生；另一方面，减少了有毒溶剂对人体的危害，提高了使用安全性和环保性。

4. 生物防治技术的应用

通过以虫治虫和以菌治虫的方式，保护和利用自然界害虫的天敌、繁殖优势天敌、发展性激素等防治虫害。本项目在施工区域内树枝上搭建鸟巢，引来各种鸟类，这些益鸟不仅采食果实，还爱食天牛幼虫及卵，这种增加生物链中一环的方式，在一定程度上消灭了害虫，间接保护了树木不被虫害轻易入侵。此外还应用了黑光灯、黄色粘板对害虫进行防治。

5. 渗水透水地面铺装

本项目地面采用渗水透水铺装，透水铺装被誉为“会呼吸的”地面铺装，本身具有良好的生态效益，并以特有的柔性铺装构造为地面的检修、维护和改造带来便捷，是海绵城市建设中的一项重要技术。

透水铺装能使雨水迅速下渗，补充地下水，保持土壤湿润，维护地下水及土壤生态平衡。透水铺装的多孔结构使行驶车辆的轮胎噪声降低，能有效降低路面噪声 6 ～ 10 分贝。

在粘结剂中渗入各种色料，混凝土路面颜色丰富多彩。同时也可以形成各种图案，做到结合周边景观进行设计，摆脱了原先以黑色调铺装为主，单一、凝重、压制的视觉效果，起到美化城市的作用。

当降雨量较大时，雨水可以直接从周边溢流进基层蓄水池，再排到路外。传统路面没有透水作用。

随着城市化进度的加快，生态问题日益严峻，而透水铺装突出的生态性很好地解决了这一矛盾，使城市得到更好的综合效益，达到城市生态化建设的目的。

江夏区星光大道道路提升改造工程景观绿化工程施工（二标段）

——武汉农尚环境股份有限公司

设计单位：中国市政工程西北设计研究院有限公司
施工单位：武汉农尚环境股份有限公司
工程地点：武汉市江夏区星光大道
项目工期：2018 年 7 月 13 日—2019 年 9 月 11 日
建设规模：162988 平方米
工程造价：5182.62 万元

本文作者：李新谱　武汉农尚环境股份有限公司　项目经理
容　程　武汉农尚环境股份有限公司　成本经理

图 1　路口指示牌及项目简介

一、工程概况

江夏区星光大道道路提升改造工程景观绿化工程（二标段）由我公司承建，该项目西起 G107 国道，东至文化大道交叉口，路线全长约 5.960 千米，实施长度为 5.815 千米（起终点桩号 K0+057.794 ～ K5+887.530）；道路红线宽度主要为 80 米，局部红线宽 90 米。项目编制范围为施工图设计范围内 K0+740 ～ K2+800 的景观绿化工程；工程合同总造价 5182.62 万元，建设面积 162988 平方米（图 1 ～图 20）。

图 2　园路景石搭配

图 3　景石设计

图 4　休憩园路

图 5　林荫绿道

图 6　环形道路中心乔木种植

图 7　辅路两侧乔木种植

我公司承建的江夏区星光大道道路提升改造工程景观绿化工程，项目施工区域主要包括：道路红线内行道树绿化、3 ～ 9 米宽侧分带绿化、14 ～ 36 米宽桥下绿化；道路红线外北侧 30 米宽景观绿化带，南侧 10 米宽景观绿化带及起点处 G107 国道、四环线龚家铺立交与星光大道的合围区域和终点处四环线、星光大道与文化大道的合围区域。

项目景观绿化提升改造主要工作内容包括：园建工程、绿化工程、照明工程及给排水工程。其中，园建工程包含：下穿通道装饰，桥下反光设施，附属设施（指示牌、休闲座椅 / 垃圾桶、箱变装饰 / 中央隔离栏、树池等）；绿化工程、照明工程及给排水工程部分主

图 8　花境层次设计

图 9　乔、灌木层次设计

图 10　大道中心绿植带

图 11　园路边景

图 12　塑胶走道 1

图 13　塑胶走道 2

图 14　蜿蜒走道边景 1

图 15　蜿蜒走道边景 2

图 16　坡度乔、灌木种植

图 17　道路中心绿化带 1

图 18　道路中心绿化带 2

要包含：人行道绿化，侧分带绿化，桥下绿化，生态景观带（主要包括道路红线内乔灌木 1054 株，地被 47966 平方米，草皮 2671 平方米，攀爬植物 6349 株；红线外乔木种植 6437 株，灌木 1358 株，地被 92849 平方米，草皮 13757 平方米；园路 4710.8 平方米，桥墩涂装 8088 平方米，隔离栏 3400 米，给水管道 13311 米，喷灌供电 4700 米，照明 3250 米等）。

二、工程理念

本工程以建设节约型园林为目标，以乡土树种为主材，根据项目的现状条件和功能特性，现场苗木以武汉乡土树种和适生树种两大类为主。因本工程为改造提升项目，迁移苗木须提前与相关部门协商，履行行政审批许可；且因对原有植物保留较多，现场种植条件相对复杂，为了尽力确保道路维修改造不破坏现有苗木，在项目施工过程中提前做好了相应保活措施，保证了苗木的成活率，最大程度地保障了原生态。

三、工程的重点及难点

本项目工程施工区域较大，景观绿化主要以大范围阳光草皮及原有的树种为主材，根据该项目的现状条件和功能特性调整。本项目草皮铺设质量要求较高，原有植物保留较多，增加了施工难度。为确保项目部在施工进程中得以顺畅推进，我公司配备了专业素质过硬、施工技术优秀的施工管理人员，有效克服了项目施工中的以下重、难点，保障了项目的顺利竣工验收。

1. 乔木种植

（1）种植要求。

种植坑半径应比乔木的土球半径大20～30厘米，呈圆柱形；种植坑底部必须排水性能良好；用草绳（严冬加薄膜）包裹树干，能起到保水、保温的作用，可以减少低温对树干的冻伤，减少水分的散发，有利于发芽，并且根据乔木的品种和季节决定草绳包裹的高度。

行道树的种植要求相邻两树之间的距离必须相等，且不可小于4米，若遇到下水管道等阻碍物时，适当调整间距；且苗木的分枝点高度必须一致（误差在20厘米以内），自然高度应基本一致，出现不一致时，应将较高苗木种植在树列中间位置，使林冠线呈平滑的拱形，杜绝形成

图19　塑胶跑道特色标志

图20　园路边景

凹形。

种植后的乔木需用四角桩支撑或拉纤索固定，防止树身摇动或被风吹倒。

（2）落叶乔木的修剪。

在掘苗前对树形高大、具明显中央领导干、主轴明显的树种（如银杏等）以疏枝为主，保护主轴的顶芽，使中央领导干直立生长。

对主轴不明显的落叶树种，应通过修剪控制与主枝竞争的侧枝，使领导枝直立生长。

对易萌发枝条的树种，栽植前按一定的定干高度。修剪时注意不要造成下部枝干劈断，定干的高度应根据环境条件来定。

2. 苗木种植土改良

在地形标高整理完成后，根据种植品种的不同对表土层做相应厚度的土壤改良，使种植土符合植物对栽植深度、肥力和各种有机物、微量元素的需求。

种植土最小厚度应符合如下规定：乔木土层厚度大于 90 厘米，灌木土层厚度 45 ～ 60 厘米，草坪及草本植物土层厚度大于 30 厘米。

按上述深度对土壤进行处理，按田园土：草碳：松针土为 5 ∶ 3 ∶ 2 的体积比例拌和，将腐殖土与表土充分混合，形成理化性能良好的种植土。草碳土优先选用本地区生产的草碳土，其富含有机质，能很好地改良土壤，肥力具长效性，苗木存活率高。

3. 草坪种植

草坪基土须人工粉碎、整理、平整，土粒粒径≤ 1 厘米，草皮铺设前需再铺设一层 5 厘米青砂（泥砂含量较高的砂质土不可用），并将其摊平，以青沙填满土壤孔隙为宜。在草皮与道路、平台、排水沟等交接位置找平后，青沙标高应比硬质地面低 3 ～ 5 厘米。

草皮在与地被交接处线条要求清晰、圆滑、顺畅，进行切边处理；乔木围堰处留空（亦有满铺不留围堰的要求），切口呈圆形，规格相近的乔木应保持圆形尺寸一致。

草皮铺设应由外至内顺序铺设，相邻草皮缝隙不得超过 1 厘米；铺设方向宜与周边道路方向对应，保持一致，避免杂乱无章。

草坪铺设应检查其平整度，保证无积水坑，较厚的草皮适当削薄，较薄的草皮垫土找平。草皮的缝要错缝相接，相互挤严，草皮间填满细砂，随即用木板拍实。

草皮铺设完成后使用滚轴碾压平整，人工拍打时应注意顺次进行，避免重复踩踏，碾压至人踩在草皮坪上不会塌陷为准，碾压完成后应及时清理现场相关垃圾，并做好警示维护措施。

四、新技术、新材料、新工艺的应用

在项目施工过程中，公司多项专利技术得到了有效运用，主要包括以下几项。

1. 高成活率乔木移植技术

乔木在城市绿化中起着举足轻重的作用，是城市绿化的骨架，直接关系到城市绿地的景观效果。因此，移植乔木逐渐成为当前园林植物栽植的经常性工作。高成活率乔木移植新技术通过采用补充养分和水分的结构设置，能有效地在实现乔木移植后，快速补充乔木所需要的养分及水分，并能保证水分及时到达乔木根系活动层，让植物根系能快速获取水分，减少水分蒸发损耗，提高水的利用率，从而达到节水效果。

应用的相关专利有“大树移植的快速补充养分和水分的装置”（专利号为ZL 201220409236.7），“一种用于移植大树根部的冬季保温装置”（专利号为ZL 201220429389.8），“一种用于破损树皮快速恢复的装置”（专利号为ZL201420793626.8）。

2. 高水位（积水）区苗木栽植技术

日常工程服务中经常有苗木栽植区地下水位高或经常积水等情况发生，导致此区域的苗木经常烂根、长势不良甚至死亡。高水位（积水）区苗木栽植技术通过换填砂、碎石、陶粒，设置排水管、盲沟、透气管等措施，并检验效果，使苗木成活率得到了保证，苗木生长良好。

应用的相关专利是一种用于土壤改良的排水装置（专利号为ZL 201220409189.6）和一种用于在水泥或沥青的大面积铺装地面下的树盘通气的装置（专利号为ZL 201220430250.5）。

3. 耐践踏性游憩型草坪构建技术

公共绿地建设除了要遵循美化、绿化、生态和观赏的原则外，还必须突出体现“以人为本”的思想，建设部分以耐践踏草种为主的阶段性开放游憩草坪，让市民亲近草坪，缓解草坪绿地面积不断增大、人均活动空间逐渐缩小的矛盾。本技术通过坪床结构的优化，可实现有效提升草坪耐践踏性，由此改善了传统草坪只准看不准入的尴尬现象。

应用的相关专利为一种耐践踏的层状结构草皮（专利号为ZL 201520936036.0）。

五、结语

工程质量是项目的核心。为确保工程质量，星光大道项目部严格按照施工组织设计的要求，牢固树立品牌意识、质量意识、责任意识，层层落实过程管理，把控各个施工环节。

从清理场地，到整理便道、外进土方、土方堆筑、土方造型，再到绿化种植，项目部施工过程中充分展现技术实力，克服施工重难点，有效运用新技术、新材料、新工艺，让公司多项专利技术在项目上得到了有效实践，并取得了良好的效果。

施工过程中，项目部严格遵守安全文明施工管理要求，严把质量关，及时清查安全隐患，有效杜绝安全及质量事故的发生，积极与业主方、监理方保持良好的沟通，有序高效地完成项目施工生产任务。

项目竣工后，顺利通过业主方、监理方及质量监督部门的验收，达到合格标准，并在投入使用后得到了社会的一致好评。

青岛融创藏马山项目示范区景观工程

——北京顺景园林股份有限公司

设计单位：苏州太湖古典园林建筑有限公司
施工单位：北京顺景园林股份有限公司
工程地点：山东省青岛市西海岸新区藏马山国际旅游度假区内
项目工期：2018年5月10日—2018年6月25日
建设规模：30970平方米
工程造价：2040万元

本文作者：杨忠伟　北京顺景园林股份有限公司　项目负责人
杨振华　北京顺景园林股份有限公司　技术负责人
曹宝珑　北京顺景园林股份有限公司　园林工程师

图1　一期示范区1

一、工程概况

青岛融创藏马山项目示范区景观工程（图1~图16）位于山东省青岛市西海岸新区藏马山国际旅游度假区内，景观面积30970平方米，其中绿地面积26318平方米，铺装面积4752平方米，工程造价2040万元。具体技术经济指标见表1。

表1　技术经济指标

景观面积	绿地面积	铺装面积	植物种类	乡土植物种类
30970平方米	26218平方米	4752平方米	217种	178种
绿地占比：85%		铺装占比：15%	乡土植物占比：82%	

图2　藏马山项目原地貌（一期示范区）

图3　一期示范区2

图4　云茗餐厅

图5　细节：火山岩挡墙（一期示范区）

图6　细节：板岩地铺（阿朵小小镇）

二、工程理念

1. 突出中式文化传承的文化型园林——一期示范区

一期示范区还原古人中式审美，建筑和园林都体现了江南古典园林风格。效仿古人借物明志，项目中松、梅、竹等不同植物表达着不同的寓意。设计师和工程师们一致追求的是务必使游览者无论站在哪个点上，眼前总是一幅完美的图画。为了达到这个目的，考虑亭台轩榭的布局，讲究假山池沼的配合，研究花草树木的映衬，考量近景远景的层次。

2. 茶文化的深入挖掘——云茗古茶田

通过保护本地云茗古茶田，延续本地乡土特点，使其作为云茗餐厅俯瞰景观，并通过更为精致的培育让茶田具有景观和文化参与的双创作用，让更多的游客和业主参与到整个茶叶的采摘和制作工艺中，传承深厚的茶文化。

3. 打造半开放式的、智慧型园林管控模式——云茗餐厅

项目前期使用绘图软件，配合VR技术预

图 7　景石：黑山石（云茗餐厅）

图 8　景石：老山石（云茗餐厅）

判园林完成形式。施工过程采用劳务实名制结合电子录入，编制工人进场信息监控数据。园区内监控全面覆盖，避免视觉盲区和死角的出现。

4. 打造节约型园林——阿朵小小镇

就近使用大量本地树种，如刺槐、枫杨、黑松等。整个水面使用软性防水池底，水面的部分雨水收集作用可减少部分园区内的养护用水。使用附近拆迁房屋的石材装饰面，一些基础开挖发现的岩层作为墙体的砌筑石料，以及部分附近山上的青苔用于石材嵌缝，减少或者不使用勾缝剂。

图 9　景石：青石（阿朵小小镇）

三、工程的重点及难点

1. 施工方法

多处工艺做法的创新，包括石材的拼接形式，挡墙的垒砌方法；充分考虑现有资源的应用，保留原有植物，做出针对性

图 10　景石：太湖石（一期示范区）

图 11　细节：毛石挡墙（阿朵小小镇）

图 12　细节：凝灰石铺地（阿朵小小镇）

的设计方案；使用地基开挖出的岩层作为毛石挡墙，打造节约型园林；采用乡土树种，进行合理的造型修剪，达到更强的审美层级；在青岛的气候条件下引进了部分江浙一带植物品种，用于营造植物的多样性，保证其物种遗传的多样性；多处水下、水生植物的处理，护坡的处理，用于保证植物生态系统的多样性，同时水生植物的栽植起到了净化水质的作用。

2. 进度和技术质量管理

将设计、招标采购纳入进度计划、统筹管理。应用“网络图”进行进度管理，预控资源冲突问题。投入各方资源，确保奥组委全面入驻的里程碑节点。预先对技术难点和质量控制点进行梳理，对各控制点划分级别，实行流程化管理，建立“技术质量管控台账”，随时追踪控制。

3. 火山岩的高空湿挂

本项目中利用自然地貌消化高差，采取新型的排列形式，选用暗钉固定的方式及新型板材二次处理的形式。

图 13　细节：培植苔藓 1（云茗餐厅）

图 14　细节：培植苔藓 2（云茗餐厅）

4. 特殊板岩拼接的地铺形式

基层清理，弹线放线；材料挑选，预拼；板材二次加工；人字形铺装；拼缝凿边处理。

5. 各类景石的应用

凸出中式园林风格的太湖石的应用、凸出现代园林风格的黑山石的应用、凸出日式园林风格的老山石的应用、凸出本地特色的曲阜青石的应用。

6. 藏马山本地毛石挡墙的应用

整体材料选择藏马山本地二次利用的毛石材料；外露面选择平整老旧面，青色黄色毛石搭配使用；据需要挑选合适尺寸进行加工，单块形状选择边数≥5，避免使用三角形和四边形；压顶需特选两个面为平整老旧面的块石，保证挡墙压顶顺直；毛石挡墙砌筑时缝隙留干缝，缝宽尽量均匀一致，忌长通缝，尤其忌竖向通缝。

7. 凝灰岩的地铺使用

江南小镇内收取老料，石材厂切割成想要的尺寸，提前预排后现场铺设，黄土灌缝，播种草籽，代替勾缝。

8. 云茗餐厅本地苔藓移栽

在藏马山中寻找到了部分野生苔藓，制作相对应的喷淋滴灌系统，与开发商合作在苗圃基地培育出大量可应用于工程使用的苔藓资源。

9. 阿朵小小镇本地黑松的造型使用

寻找部分骨架感较好的本地和本省松树资源，用于项目基本常绿构架的搭建，

图 15　细节：花街 1（一期示范区）

图 16　细节：花街 2（一期示范区）

通过枝条修剪出应有的层次，再通过钢丝的绑拽固定分层，然后通过一定的松针处理，摘下层松针，达到一定的精致度。

四、新技术、新材料、新工艺的应用

1. 新材料的应用

（1）混凝土仿老石板代替石材的应用。

① 减少石材使用带来的环保问题；

② 通过做旧等处理，去除人工痕迹；

③ 通过宽缝扫缝播草籽的处理，既减少了勾缝

剂的使用又固定土壤避免流泥；

④ 本项目应用混凝土仿制材料1400平方米。

（2）HDPE软池底防水的应用。

① 区别于以往的SBS外防水，一定程度上解决了防水收边宽厚的问题；

② 相对来说更环保，造价更低，时间更快，节省时间和人力成本；

③ 现场一次性安装，减少交叉施工，保障工期；

④ 共计使用面积3200平方米。

（3）水泥压力板+岩彩漆。

① 厂家预制水泥压力板；

② 现场完成干挂处理；

③ 外喷岩彩漆（仿制建筑立面风花雪月石材）；

④ 缩短工期，节省石材用量。

（4）本地藏马山黄石青石垒砌的毛石挡墙。

① 收购附近拆迁户拆除的围墙，节省材料；

② 收购附近一些地基破碎产生的石料；

③ 减少材料准备的时间；

④ 更具有本地的乡土特色；

⑤ 节省石料成本和运输成本。

2. 科技成果应用

（1）应用自有专利，营造柔性边坡生态防护系统。

结合现场地形，建造绿地护坡，缩短了施工周期，增强了固定土方的作用，避免滑坡及局部地形沉降。采用公司自有专利“一种柔性边坡生态防护系统”（专利号：ZL 201822235615.9），该专利的主要优点是固定坡度较大的护坡，解决沉降问题，解决草坪滑坡问题，构筑永久性生态边坡系统。

（2）应用自有专利，建造草坪自动浇灌系统。

应用公司自有专利“自回旋升降喷灌装置”（专利号：ZL 201410480989.0）建造自动喷灌系统，有效降低了浇灌用水量和人工费，提高了喷灌系统的运行稳定性。

（3）应用自有专利，建造园林假山结构。

应用公司自有专利“园林假山结构”（专利号：ZL 201620178599.2）建造园林假山结构，缩短了施工周期，提高了假山结构的稳定性和耐久性并且降低了使用维护成本。

（4）应用自有专利，建造树木供水系统。

应用公司自有专利“一种自吸式树木根系供水系统”（专利号：ZL 201721899555.X）构建了北庭园台地花园树木供水系统，解决坡地树木浇水和保水问题，降低了养护期间的用水量和人工费。

（5）应用自有专利，建造柱列式层叠排列生态护岸。

应用公司自有专利“一种柱列式层叠排列生态护岸”（专利号：ZL 201620961920.4）构建了特有的生态护岸系统，解决水岸边缘流泥问题，降低了养护期间的养护和维护成本。

绿城·春江明月中式景观工程

——浙江天姿园林建设有限公司

设计单位：浙江绿城景观工程有限公司

施工单位：浙江天姿园林建设有限公司

工程地点：临沂经开区山建路与香港路交会处西南

项目工期：2019年1月8日—2019年6月10日

建设规模：30500平方米

工程造价：3350.33万元

本文作者：郭　征　浙江天姿园林建设有限公司　园林高级工程师

王凯峰　浙江天姿园林建设有限公司　园林工程师

图1　景湖日景1

一、工程概况

绿城·春江明月中式景观工程位于临沂经开区山建路与香港路交会处西南。总面积约为30500平方米，造价3350.33万元。工程于2019年1月8日开工，2019年6月10日竣工。由临沂沂河湾置业有限公司投资，浙江绿城景观工程有限公司设计，山东九成工程项目管理有限公司监理，浙江天姿园林建设有限公司施工。

本项目工程内容主要包括土方平衡、园建工程（含古建）、绿化工程、景观电气工程、以及地形营造工程、场地铺装工程等相关工程（图1～图15）。

图2　景湖夜景

图3　景湖日景2

图 4　前庭景观 1

图 5　前庭景观 2

图 6　景湖日景 3

图 7　景湖日景 4

图 8　景湖日景 5

图 9　景湖日景 6

图 10　街巷

图 11　庭院

图 12　景湖折桥

图 13　景湖游廊

图 14 庭院框景

二、工程理念

本项目是江南新中式景观工程，主要分为景湖和庭院两大区域，景湖区域内有较大面积的人工湖，湖内荷花绽放、鱼儿游戈、水中鹅卵石置地，周边假山跌水、石板曲桥、游廊幽曲、点缀各类小品，景亭能瞭望整个区域，配有藤蔓植物，营造出一片宁静安逸的空间。庭院区域入口处是较现代的宽阔直行路，庭院之间的林荫小道婉转曲折、若隐若现。“路因景曲，境因曲深”，造成“山重水复疑无路，柳暗花明又一村”的情趣。各个庭院内可观天、可听雨、可看雪，皆展现了古典园林的典雅之美。

图 15 街巷

三、工程的重点及难点

1. 新中式景观的构建

本项目的中式元素与现代材质巧妙兼容，形成了一种独特的新中式景观风格，新中式景观风格的核心是意境的营造。意境产生于意向又超越于意向，是诸多“艺术门类中，借匠心独运的艺术手法熔铸所成的情景交融、虚实统一，能深刻表现宇宙生机和人生真谛，从而使审美主体之身心超越感性具体，物我贯通，进入无比广阔空间的那种艺术化境”。新中式景观设计正是在这种主体审美的环境中，以外在景观的空间、造型、色彩、气味等要素，感受到自我的体验升华。

2. 植物种植配置多样性

植物种植以绿为主，采用常绿树与落叶树、速生树与慢生树、乔木与灌木相结合，不同花期的草花与木本花卉相结合的种植方式，使绿地一年四季都有良好的景观效果。选择适合当地条件、病虫害少，有地方特色、便于日后管理的植物。乔木如朴树、银杏、榉树、紫薇等，色叶树如小叶黄杨、红叶石楠、小叶女贞、红花檵木等，配合假山叠石，使形状、色彩、质感、季相变化，生长速度、生长习性、配置效果相匹配，以体现对居住者的关爱。

四、新技术、新材料、新工艺的应用

1. 新技术、新工艺运用

（1）景观水体循环净化系统。

本项目中的景观水池施工，我公司使用了新型的水体循环净化系统，通过该设备可以提高水质，减小换水频率。实践证明该设备方便了工作人员管理，并提高了娱乐观赏性作用，于 2018 年获得了实用新型专利证书。

（2）移栽设备。

植物移栽过程中我公司使用了新型的植物移栽设备，将树木放在这种装置上进行移植，可有效减少树木的树冠与地面的摩擦，有利于保护树冠，保证树木移植后的完整性。实践证明该设备在转运植物过程中确实起到了减少植物伤害的作用，并于 2018 年获得了实用新型专利证书。

（3）滴灌技术的应用。

本项目在重点区域部分使用了滴灌系统，水湿润部分土壤表面，可有效减少土壤水分的无效蒸发。同时，由于滴灌仅湿润作物根部附近土壤，其他区域土壤水分含量较低，也可防止杂草的生长。滴灌系统不产生地面径流，且易掌握精确的施水深度，非常省水。环境湿度低时通过滴灌系统灌水后，土壤根系通透条件良好，注入水中的肥料可以提供足够的水分和养分，使土壤水分处于能满足植物要求的稳定和较低吸力状态，灌水区域地面蒸发量也小，这样可以有效控制保护地内的湿度，使保护地中作物的病虫害的发生频率大大降低，也降低了农药的施用量。滴灌还可减少除草，不会造成地面土壤板结。

（4）LID 低影响开发方面。

2016 年上半年由住房城乡建设部发布的《海绵城市建设先进适用技术和产品目录（第一批）》及下半年发布的《海绵城市建设先进适用技术和产品目录（第二批）》海绵城市理念推广中，项目本着 LID 低影响开发的原则，也在个别重要的区域或节点使用了此目录的技术。

① 雨水回收技术的应用：雨水回收技术的应用能够将自然资源进行科学合理的利用，通过各种处理技术和机械设备的处理，将雨水资源进行净化处理，并把雨水资源贮存到水资源短缺的季节，有效缓解水资源不足的情况，节约水资源。同时雨水资源还可为园林植被提供必要的水源，提高植被的存活率。

② 雨水渗透：本项目内有一个景湖，湖岸线引入了雨水渗透净化技术，以土工布、太湖石砌筑构成雨水渗透净化系统，本套系统提高了雨水的截流能力，减少了水土流失，有效控制了径流污染，并具有一定的水质净化作用，有利于促进土壤水循环、保持岸带生态。

（5）BIM 技术的运用。

本项目 BIM 技术的运用把二维图纸变成三维空间模型，这大大地增加了图纸的准确性。使甲方、设计、施工三方的沟通也不再是一件困难的事情，即使三方因专业知识、理解程度不同而有交流沟通方面的障碍，有了 BIM 技术的应用，能够很好地化解这一问题。通过 BIM 技术平台可以真实地还原模型，让大家看到现实建筑的外观，这就是模型可视化，让模型真实地展现在大家面前，能够清楚地看到模型的构造，使大家都能对中式园林工程项目有清晰的了解。而且 BIM 技术可以对图纸的局部进行修改和调整，并不影响其他的界面，这在以前的技术中是无法做到的，因此，BIM 技术的应用大大提升了本次园林工程施工修正的效率性和方便性，减少了不必要的错误。

2. 新材料的运用

（1）新型药剂：植物养护管理中新材料的应用。

“植根源”新型生长抑制剂的应用：本项目中的大叶女贞为常绿阔叶树种，在落果期，果实落到地面污染环境，可在盛花期喷洒“植根源”，抑制其结果，效果非常显著。

ABT-3 生根粉的应用：采用 ABT-3 生根粉，对于常绿针叶树种及名贵难生根树种的快速生根、提高成活率具有明显效果，特别是大树移栽时的效果尤为显著。

保水剂的应用：采用保水剂加强土壤的储水保水能力，提高苗木的成活率。在边坡防治方面应用保水剂，可显著提高边坡防护植被的抗旱能力。

（2）仿木纹混凝土的应用：本项目选择了仿木纹混凝土栏杆代替原始木质栏杆，仿木纹混凝土栏杆更加实用，而且具有较高的耐水性和防腐性。仿木纹混凝土仿照天然的木纹，和自然环境融合，能与真正的木制品相匹配，而且天然的木质容易受腐蚀的影响，视觉上不美观，而仿木纹混凝土就正好解决了这个问题，并且比较环保。

（3）架空砖的使用：本项目在易积水区域使用了架空砖，架空砖最主要的一个特性就是具渗水性能，在雨天时，雨水可以进行流通，并且还可以蓄水，由于它的蓄水性能还可以收集到一部分水资源，将这些水资源进行处理，还能够应用到园林的浇灌上，节约水资源。

江苏苏州东山费宅改造设计：“月出碧螺”

——同济大学建筑与城市规划学院济宇建筑工作室

设计单位：同济大学建筑与城市规划学院济宇建筑工作室
施工单位：苏州石钢木建设有限公司
工程地点：江苏省苏州市吴中区洞庭东山眠佛寺路
项目工期：2016 年 10 月—2018 年 7 月（一期）
建设规模：1780 平方米
工程造价：800 万元
本文作者：朱宇晖　同济大学建筑与城市规划学院建筑系硕士导师、博士
　　　　　　　　济宇建筑工作室主持建筑师
　　　　　郑晓義　同济大学建筑与城市规划学院济宇建筑工作室　主持建筑师
　　　　　史瑞琳　同济大学建筑与城市规划学院建筑系　硕士研究生
项目设计人员：朱宇晖、郑晓義、黄怡群、史瑞琳、徐瑞彤、孙文达、孙舒妍、程前

图 1　月皎庭院 1

一、工程概况

本项目位于江苏省苏州市主城区西南，太湖中的半岛——洞庭东山“高峰坞”眠佛寺下、“碧螺村”中，为一小型居住建筑改造项目（图1～图22）。

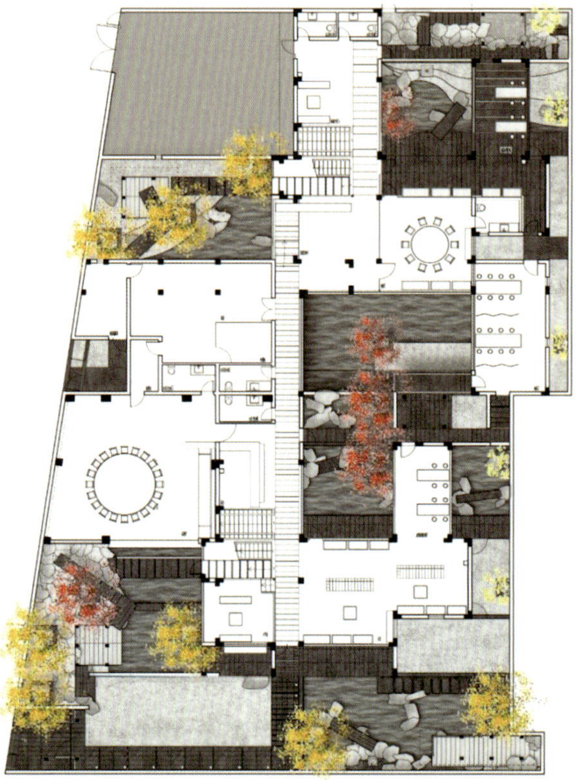

图3　一层平面图

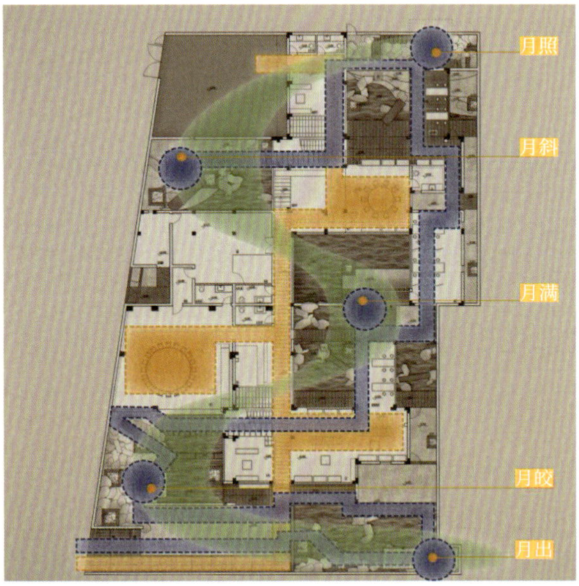

布局线组（东西纵轴、南北横院布局）
水石线组（穿插隐现的庭园路径和水石绿植脉络）
月光线组（几处守望月色的半亭及其路径流转）

图2　线组分析图

图4　入口庭院

图 5　月出庭院

图 6　月皎庭院 2

图 7　月皎庭纵云梯

图 8　月皎庭院建造过程

图 9　北立面图

图 10　西立面图

图 11　月出庭剖面图

图 12　月皎庭剖面图

图 13　中轴剖面图

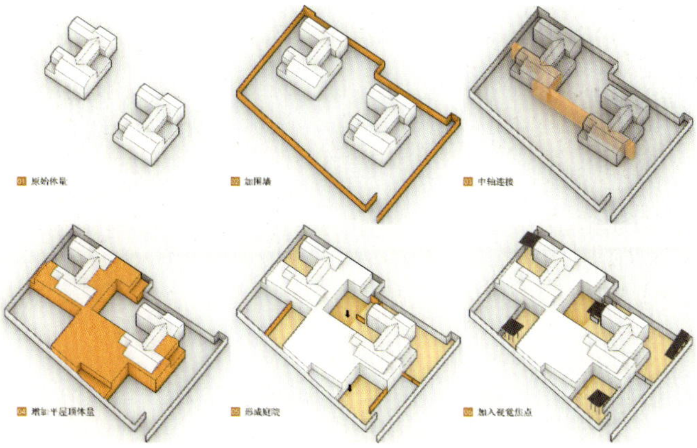

图 14　生成过程图解

图 15　轴测效果图

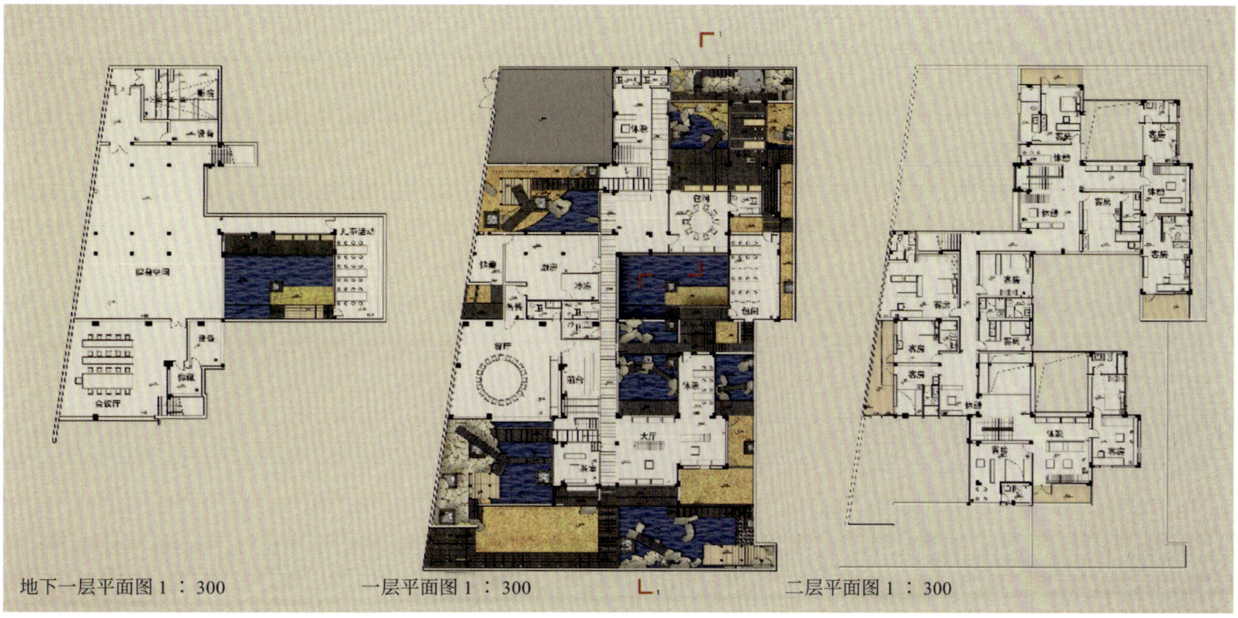

图 16　各层平面图

基地前拥碧螺村景，直至远方一片烂漫湖光，背倚眠佛古刹，直至茶田横布的西岭，左隔村落与北岭相望，右隔眠佛寺路与一带南岭相依，岭外不远，便是景象幽邃的南宋古刹紫金庵，更远的山冈，还有元代建筑轩辕宫如翚斯飞。

基地内原有两幢前（东）后相邻的独立式二层钢混坡顶住宅，建造未久，各附院落，轴线微错。原建筑试图以生硬牵强的传统样式迁就现代居住功能，业主——苏州石钢木建设有限公司要求对两宅及其院落重新设计整合，以底层作为聚会、聚餐的多功能公共空间，以地下层为运动娱乐空间，以二层为客房，将其改建为员工聚会度假场所，亦可对外开放经营为民宿。具体技术经济指标见表 1。

图 17　月皎亭

图 18　纵云梯 1

图 19　纵云梯 2

表 1　技术经济指标

基地面积	容积率	建筑面积	建筑密度	建筑使用功能
1551 平方米	0.79	1780 平方米	40.23%	民宿度假

二、工程理念

本次改建尝试提出根植于中华艺术与空间传统的“线性设计”概念，即以数组或明或暗的线条体系，与基地的自然和人文脉络共振，来控制、引导整个建筑形态、空间与功能体系。包括由东西纵轴、南北横院构成的“布局线组”；由建筑檐口与女儿墙构成的“立面线组”；由刚劲转折、穿插隐现的庭园路径和水石绿植构成的“水石线组”；由五处用以守望月色的半亭及其间的路径形成的“月光线组”。各线组之间穿插叠合、交融共振，共同融入远方山脊树影与湖光月色，外借山形，内振坡势，纵轴秀挺、横院参差、檐口流转、天梯盘空、水石萦回、月光横掠，隐喻着源自宋人的“月出于东山之上”的设计意旨。

图 20　月满庭院

图 21　月满庭院木百叶隔断节点

图 22　地下室金属片吊顶

三、工程的重点及难点

原建筑偏于拘谨而保守的建筑与空间形态，以及随之定型而毕露的梁板柱结构，都是这次改造设计需要面对的难点。

怎样使迷失在纵横线条之间的建筑形态一变而成横向的线条舒展，并融入建筑与景象群落的整体线条逻辑，怎样使净空有限的室内空间依旧能与较缺乏表现力而难以改变的钢混梁架穿插互动、并现其美，都是形态层次上的改造难点。

在具体构造层次上，设计上有不少的水池和下沉庭院部分，这意味着需要重新对基地动土，之后重新完整地进行池底的钢筋混凝土浇筑。对新浇筑处与原结构部分衔接处要做好防水工作，否则后期会产生各种渗水问题，难以修补。在实际实施过程中，都尽量地保证了一次性浇筑完成。

另外各庭院水池的深度和水位是有差异的，需要提前预埋水循环和水处理提升设备，这对工程上各工种的协调性是一个检验。

方案中的掇山叠石，整个做法既不同于传统匠人用湖石掇山，以连接材料堆叠，也不同于现代不少庭院里用人工修饰的山石，而是以覆土为主，仅取高山一脚落于庭院之中，再另外散落自然山石，以小见大，以高山一隅见其全貌。因高山一角潜入人造庭院之中，非天然形成，故需以纯净的挡土墙保证山体覆土的稳定。而所用石头亦非弹丸尺寸，而是近似群山之中真实石材的大小。施工时，需以吊车将其吊入，因庭院内的空间有限，吊车实际上只能停留在围墙之外，每次如果石头摆放位置不尽如人意，则又需重新吊起，如此反复，这里的掇山意象都仰赖建筑师在现场的临场堆掇和对每块石头的认识。正因为需要吊车来操纵石头，各庭院的建造和建筑的改造是交替进行、依次完成的。否则后面的庭院会被周边建成建筑所包围，石头无法吊入。

四、新技术、新材料、新工艺的应用

方案中对于庭院中亭子的形式做了新的解构，传统的单坡顶亭子依靠木梁架的交叠抬起出挑，做出三角形的剖面形式，我们希望直接采用一种结构形式就能解决坡顶形式和出挑的问题。

如果采用斜撑或类似斗拱的层层出挑，则又回到了木构的依靠木材作为受弯构件的构造逻辑，既然我们可以运用现代的钢材——一种受力性能更加优异的材料，何不直接采用桁架的方式最大限度地减小材料断面，让亭子变得轻盈，与作为构筑物为了抵抗重力而往往不得不做成稳定结构形式所形成的相对重的形式形成对比。相对于本就不大的庭院，使其不至于显得过于臃肿。

因此，我们直接采用了钢桁架的方式作为一榀梁架的出挑结构，然后用横向方钢联系各榀，使结构本身的斜度与坡顶的斜度保持了统一、亭子的线条更加流畅。

在整个庭院以冷色调为基调的情况下，唯亭子加上了温暖的木质材料，一方面是与钢材协同受力，更好地保持亭子的稳定性，另一方面也是为了让亭子的材料与人接触的部分有相对舒适的质感。

另一个挑战则来自入口左侧堆山上供人拾级而上的钢板楼梯。采用这种方式登上二楼平台，而不是一般掇山所常见的石材台阶，则是为了最大限度地拉开人造庭院与这大山一角的尺度差异。同时，用钢板弯折作为登梯，相对于庭院的空间尺度，则更显轻盈。同时又颇具浪漫主义色彩，恍如梦境。而真的要实现这一设想，一则钢板需采用花纹钢板，表面做防滑处理，二则需在楼梯一侧增加扶手，以保安全，而同时又不破坏原有的轻盈。因此，增设扶手一侧的钢板做了翻折加厚的处理，不仅有利于栏杆立柱的施工，也有利于增加钢板的抗弯性能。总体上和预想的效果一致。

在中间月满庭院中，设想用横向木百叶隔断前后庭院，同时在其上空出月亮形状。希望效果是一掠而过的横向线条叠加起来，但其跨度意味着不可能没有竖向的支撑，如果用竖向木方等支撑，则会破坏其轻盈的美感。于是采用拉索受拉的方式替代受压支撑的方式。拉索采用螺杆，木百叶定位方式则采用螺母在其下的固定方式。整体实现了最大化的横向飘逸线条。

最后是地下室室内吊顶部分，按照整体东西线条横向设计的逻辑，采用两片金属形成的飘带，中间嵌入明装式筒灯的方式。由于单片的金属过薄，在超长的状态下易弯曲，线条没法做到挺秀。而如果增加金属单板的厚度，则会大大地增加吊片的质量。方案利用木基层板打底，再覆盖金属单板的做法实现了预想的效果，同时略微增加的厚度反而在视觉上与底层素混凝土顶板更加和谐。

泰兴市羌溪河城市公园建设工程

——常熟古建园林股份有限公司

设计单位：浙江泛城设计股份有限公司
施工单位：常熟古建园林股份有限公司
工程地点：泰兴市羌溪河西侧、南接澄江路、北靠文昌路
项目工期：2017年6月8日—2018年6月19日
建设规模：13.5万平方米
工程造价：4630.6万元
本文作者：邵福进　常熟古建园林股份有限公司　项目总负责人
陈红霞　常熟古建园林股份有限公司　项目技术负责人

图1　开放、生态、运动的城市公园

图 2　公园南入口

图 3　不锈钢蒲公英艺术造型

图 4　叠石玲珑落园中

一、工程概况

本工程于 2017 年 6 月 8 日正式开工，2018 年 6 月 19 日施工结束，其中包括绿化栽植工程（栽植基础工程、栽植工程、养护工程）、园路工程、广场工程（广场地面铺装工程、园路广场排水工程）、园林石景工程（基础、置石、摆放连接、石景配植）、园林建筑桥梁与设施工程（园林建筑工程、园林桥梁工程、园林设施安装工程）、园林设备工程（园林电气工程、园林给排水工程）、厕所、管理用房、景观桥、篮球场、网球场、甜品房、咖啡厅、瞭望塔、景观墙、停车场、水电施工等多个项目。

羌溪河城市公园位于羌溪河西侧、南接澄江路、北靠文昌路，占地面积约 13.5 万平方米，定位为开放型的城市生态运动公园。公园景观设计突出了“生态、运动、时尚”元素，打造花海科普区、体育健身区、儿童冒险乐园、文化休闲区、探索娱乐区五大主题景区，同时突出春、夏、秋、冬四季景观场景。现已成为居民休闲、运动、绿色慢生活的市民公园，同时也提升了城市生态环境。届时将与龙河湾公园、银杏公园、仙鹤湾风光带、羌溪河及如泰运河风光带等景观一起，成为城市的绿肺和展示城市形象的靓丽窗口（图 1 ～图 18）。

图 5　邻河漫步道

图 6　中心花海

二、工程理念

（1）本工程包含部分钢结构，施工时除了应遵循《园林绿化工程施工及验收规范》（CJJ 82—2012）外，还应符合《钢结构焊接规范》（GB 50661—2011）。

（2）本工程部分建筑物为钢筋混凝土与钢结构的结合，施工工艺、节点构造复杂，不同专业的施工队相互协调，并加强控制，确保了工程结构安全。

（3）本工程选苗尤为重视，选择符合设计图纸中的苗木品种树形、规格，且长势良好，无病虫害，无机械损伤，树形端正，根须发达。对于大规格的乔、灌木，选择经过断根移栽的树木，此类苗木成活率高，确保了施工进度。

（4）本工程规模较大，工程中所涉及的领域广泛，高科技已深入工程的各个方面，如声、光、电的应用，钢结构装配式的应用，新型的透水铺装材料应用，新型的施工方法以及施工过程中的计算机管理等，提高了工作效率，加快了工程进度，确保了工程质量。

图 7　烟水茫茫芦苇花

图 8　落羽青伞间，阳光洒下斑驳

图 9　草低乌桕秋叶红

图 10　入夏银杏枝头茂

图 11　透水砖 PARK 广场

图 12　南雪银杏两白头

图 13　五彩斑斓景观桥

图 14　廊架

图 15　环形跑道

图 16　午后小憩甜品房

图 17　童真童趣探索区

图 18　春到人间草木知

三、工程的重点及难点

植物作为造园的自然要素是永恒不变的，一个优秀的园林作品离不开成功的植物配置，植物形态、叶色、香味、季相变化都可营造出不同的意境和风韵。

提供植物适宜的生长条件是植物成活的重要保证，为降低苗木的死亡率，增强绿化栽植效果，我单位专业技术人员从以下四点深入研究并制订施工方案。一是种植穴的处理，因南方大部分土壤偏黏，团粒结构较差，透水透气性不理想，造成树木栽植后因土壤湿度较高造成落叶烂根乃至死亡，本工程在选购种植土时，优先选择透水透气性高的土，二是成片灌木栽植后，由专业技术人员进行修剪，避免露出很多茬口，形成类似“秃顶”现象，严重影响景观效果。三是树木吊运栽种时，考虑植物的观赏面和观赏视线，将其最好的树形、树姿展示出来。四是草皮作为现代园林中广泛应用的表现形式，其最大的艺术价值就在于给园林提供一个富有生命的底色，但往往由于铺设时技术措施不到位，致使其失去本身具有的价值，如常见的黄化秃斑、高低不平、“横行霸道”现象等。因此草皮在铺设前整平场地，铺面用人工或机械敲打，使草皮根部紧贴地面，避免积水而产生枯黄斑块，对于根部和走茎发达的草皮，铺设时切断根部并开沟隔离，避免走茎蔓延到路面。同时植物栽植时尽量仿造其生长于自然界中的状态，丛植要主从分明，疏密有致，忌三株成行；对植要相互呼应，顾盼四周；孤植要选色、香、姿俱全，四面观赏皆宜。

园林植物的特殊性在于植物是有生命的材料，不同于混凝土、钢材、木材等其他建筑材料，更需要施工人员的精心呵护。因此植物栽植后的养护管理是成活与否的关键，也是园林工程成败是否的关键，水、肥、病、虫、剪是绿化养护的基本因素，对于新种树木来说，水分平衡是保证成活的重中之重，因此要抓住树木栽植后的几个重要时段进行水分供应。首先是植后的定根水，必须在栽植后 24 小时内进行，必须浇足浇透，同时视天气情况和树木蒸发量及时补充水分。梅雨季节，及时采取各种排水措施。同时在高温天气下适时进行枝干和叶面喷雾，确保树木成活。

四、新技术、新材料、新工艺的应用

随着我国城市化进程加快，面对人口、资源和环境的巨大压力，为确保国民经济的可持续发展，在基础设施建设过程中，新材料、新品种、新工艺在不断推陈出新，丰富产品质量，提高产品性能，在本工程中，大量的新型材料、工艺不断被应用，主要体现在以下几个方面。

1. 停车场、运动场及大部分园路采用生态透水混凝土铺设

透水混凝土又称透水地坪，为新型环保材料，是一种多孔、轻质、无细骨料的干硬性混凝土，具有高透水性、高承载力、易维护性、抗冻融性、耐用性及装饰效果好等特点，彩色透水混凝土地坪整体美观，突破传统路面灰、白、黑的色彩单一性，在保证路面透水性和承载要求的前提下，使路面可以随心所欲地呈现出不同的色彩搭配，充分收集雨水，有效补充

地下水，并能有效消除地面上的油类化合物等对环境污染的危害，具有良好的经济效益和生态环境效益，同时透水混凝土地坪具有吸声降噪、抗洪涝灾害、缓解城市的“热岛效应”等作用。

2. 选用陶瓷透水砖铺地

选用透水砖铺地，因为此种砖具有极强的保水性及透水性，一般透水速率达 5mm/s 以上，在保水性能方面则超过 $12L/m^3$。下雨天时，雨水转为地表水，透水砖可将少许雨水留在砖内。至此，雨水就不会四处溢流，最终通过地下水管道排至河流中。当天气晴朗时，保留在砖内的水及渗入砖底下的水，便会经过蒸发融入大气，调节空气湿度，还可降低大气温度，从而真正意义上缓解城市热岛效应。

3. 植物防冻剂的应用

这种类型的新材料中有一些特殊的因子，可以激活生物酶，进而消除冰核细菌，同时也抑制了细菌的繁殖，使用植物防冻剂，植物表面会形成有机的保护膜，对植物保水和抗冻都具有较大的帮助作用，大大改善了苗木的抗病能力、抵抗低温的能力及刚入冬天气忽冷忽热而影响植物生长的状况。

4. GPS 建筑施工放样

羌溪河城市公园施工范围较大。GPS 测绘技术在使用过程中的操作较为简单，省去了复杂的操作流程，只需要借助相应的软件系统和相关的观测站就可以对信号进行处理，并对卫星发出操作指令，实际检测过程简单易行，提升了工程测绘的质量，对标高及坐标放样等工作的开展具有较大的优势。

石家庄远洋晟庭项目商业区园林景观工程

——盛景国信(北京)生态园林有限公司

设计单位：北京园点景观设计有限公司

施工单位：盛景国信（北京）生态园林有限公司

工程地点：河北省石家庄市长安区

项目工期：2018年4月26日—2018年6月30日

建设规模：5572平方米

工程造价：600万元

本文作者：吴强　盛景国信（北京）生态园林有限公司　项目经理

图1　主入口1

一、工程概况

远洋晟庭项目所在地长安区，是石家庄的中心城区之一，是石家庄市人民政府、市政协机关所在地。随着城市化进程的加快，长安区原有的建筑机械厂、华药、石钢等传统企业完成搬迁，长安区已成功从老工业基地逐渐转变成集综合生态宜居、科技、商业为一体的城市新区。

石家庄远洋晟庭项目商业区园林景观工程位于石家庄市长安区，翟营北大街以东、光华路以南、石钢以西、常安路以北，项目面积5572平方米，其中园建面积3689平方米、绿化面积1883平方米。本项目主要施工内容包括项目外围市民活动广场——日晷广场，项目主入口景区——艺术门厅，光影艺术通廊，日晕水庭景区，阳光活动草坪，艺术邻里花园（图1～图23）。

图2 主入口2

图3 日晕水庭1

图4 日晕水庭2

图5 日晕水庭3

图 6　日晕水庭夜景

图 7　内庭景墙

图 8　光影艺术通廊 1

图 9　光影艺术通廊 2

图 10　光影艺术通廊 3

图 11　通廊尽头光影效果

图 12　艺术馆内景

图 13　通廊外侧 1

图 14　通廊外侧 2

图 15　室内阳光效果

图 16　水池基础

二、工程理念

打造流光韵彩的健康·艺术花园——“晟·庭”，“晟”即午间旺盛的阳光，表示自然光线营造绚烂多彩的生活场所，“庭”即居民生活的环境，寓意绿意盎然充满生机的居所花园。本项目的基本建设思路是美但不奢华，为单一的城市空间增添艺术性，营造绚烂多彩的生活场所，提升石家庄核心区品质。

图 17　活动草坪

图 18　植物搭配

图 19　碎石散铺场地

图 20　生态树池

图 21　夜间铺设沥青

图 22　成品保护

图 23　场地覆盖

三、工程重点及难点

1. 工程重点及难点一

根据项目健康体系的要求，项目所使用的主要材料必须经过专业机构检测，且检测标准严格按照美国 WELL 健康建筑评价标准执行，材料的检测科目多、标准高；同时，对施工过程中的安全和环境进行全过程检测，对施工的组织协调提出更高的要求。

（1）施工前检测。项目施工前进行了各项环境指标检测分析，主要包括风光环境分析、声音环境分析、空气环境分析等，因为项目位于老机械厂原址，重点对地下水和土壤进行了全面的检测分析，根据专业的环评报告结果，进行后续方案编制。

（2）材料检测。项目中使用的植物、石材、玻璃、管件、防水材料、涂料等各种材料都必须进行专项检查，符合检测标准后才可进场使用。

（3）生态技术要求。项目施工过程中为了保证雨水的自然循环，结合公司的实用新型专利“路面雨水再利用系统及路面系统”（专利号：ZL 201721028594.2）、“水路和海绵城市”（专利号 ZL：201721043665.6）对设计方案进行调整，将项目中多处铺装改为自然碎石散铺的形式，以保证自然雨水能够最大程度地进入循环系统。

（4）防尘覆盖。整个工地全程做到“不露一寸土”。

（5）劳务工人的安全教育和健康体检。劳务工人的健康不仅体现在日常施工过程中的安全，项目部还安排工人进行了健康体检。

2. 工程重点及难点二

本工程光影艺术通廊结构跨度大、结构细节复杂多样，施工精细度要求高；同时廊架上安装的玻璃，其厚度和颜色等内容必须进行厂家定制，以保证实现通廊的最佳色彩光影效果。

（1）廊架结构。原设计方案的结构为钢筋混凝土，项目团队综合分析场地现状、工期、交叉施工等方面的因素后，向设计方建议将钢筋混凝土结构调整为钢结构，既满足了工期的要求，又减少了支模等交叉施工的难度，同时钢结构的精准度较高，保证了玻璃安装的效果。

（2）玻璃选择与安装。为了实现项目光影及色彩效果，将更多的阳光和色彩通过折射送入室内，项目团队不仅考察多家彩色玻璃厂家，最终选择了满足功能需求的生态环保玻璃；同时还提前进行项目所在地的光照记录，以保证玻璃的最佳尺寸与安装角度。

3. 工程重点及难点三

日晕水庭的核心区为镜面水池，水池的面积较大，且设计了水中的照明系统和微喷系统，施工工序复杂，难度大；同时，镜面水池的关键是“平”，因此要求结构必须稳固，项目对位于建筑肥槽的高回填区进行专项加固，对水池底部进行细致精准的收面，以实现最终的“镜面”效果。镜面水池的关键是“平”，水池的基础是施工中最关键的一步。该水池的基础有一部分位于建筑肥槽的高回填区，为了保证基础的稳固，避免后续沉降，项目部团队对高回填区，尤其是高回填区与原土的交界处进行了钢筋加固处理；对水池面层标高进行精确测量，以实现镜面水池的最佳效果。

四、新技术、新材料、新工艺的应用

1. 新技术——“貔貅 1.0”项目管理系统

项目管理中使用了公司自主研发的项目精细化管理系统——“貔貅 1.0”管理系统。“貔貅 1.0”管理系统主要的项目管理模块包括项目基本信息的体现、项目真实成本的体现、项目每日成果的体现、实时的数据归集。通过采用该管理系统，可以实现通过分权限数据查询、各类 Excel 表、数据分析图表等数据化分析，进行工程管理预警，提高工程管理人员的成本、工程掌控能力，并实现快速决策，保证项目的高效实施。

2. 实用新型专利——路面雨水再利用系统及路面系统、透水路和海绵城市

晟庭项目施工过程中为了保证雨水的自然循环，结合公司的实用新型专利“路面雨水再利用系统及路面系统”（专利号为 ZL 201721028594.2）、“透水路和海绵城市”（专利号为 ZL 201721043665.6）对设计方案进行调整，将项目中多处铺装改为自然碎石散铺的形式，以保证自然雨水能够最大程度地进入自然循环系统。

3. “远洋 5H 社区与全龄健康景观”体系认证

晟庭项目的景观设计与施工，以远洋集团“健康生活家”为总体目标基础，对景观专项进行了深入的研究分析及实践总结，形成了“5H”景观健康体系，即“环境健康系统”“规划健康系统”“身体健康系统”“心理健康系统”和“社群健康系统”，希望通过全方位的健康体系设计，打造全龄健康社区，此汇编文件已取得作品登记证书。

4. 采用公司研究成果——“园林施工全过程管理体系”

项目在管理过程中通过采用公司研究设立的“园林施工全过程管理体系”，以保证项目的计划性、可控性和管理闭环。“园林施工全过程管理体系”主要包括“项目策划”“过程管理”“项目复盘”“提升改造”四大部分。通过该管理体系，实现了项目的科学高效管理，保证项目顺利落地。同时，项目在执行该体系的过程中还不断进行创新和总结，对公司的管理体系进行深化和完善，实现了项目管理的系统化、科学化及高效化。

5. 采用新型玻璃材料——彩色生态玻璃

光影艺术通廊选用了定制的新型玻璃材料——彩色生态玻璃，相比普通玻璃，其透光折射性更好，通过阳光照射营造出色彩斑斓的光影艺术效果；同时该玻璃还具有一定的自洁性能，可以实现重复再生利用。

项目中的光影艺术通廊是最能体现项目设计理念的光影空间，为了保证呈现最佳的光影艺术效果，同时满足健康材料的要求，项目部通过协同相关玻璃厂进行玻璃原材料的优化，并对玻璃的颜色和厚度进行定制，经过五次的样品制作，最终选择出了满足项目需求的彩色生态玻璃。这种玻璃不仅透光折射性能好，且具有一定的自洁性能，同时还可以进行重复再生利用，实现了景观效果与健康、生态的统一。

深圳国际生物谷坝光核心启动区生态修复项目

——深圳市楷腾建业有限公司

设计单位：深圳市东大景观设计有限公司
施工单位：深圳市楷腾建业有限公司
工程地点：广东省深圳市大鹏新区
项目工期：2019 年 1 月 18 日—2019 年 5 月 8 日
建设规模：297000 平方米
工程造价：1386.46 万元
本文作者：辜少忠　深圳市楷腾建业有限公司　总经理

图 1　工程局部景观（生态花海 1）

图 2　工程局部景观（生态迷宫 1）

图 3　工程局部景观（生态迷宫 2）

一、工程概况

深圳国际生物谷坝光核心启动区生态修复项目，位于深圳市大鹏新区国际生物谷坝光核心启动区，占地面积 297000 平方米，由深圳市楷腾建业有限公司承建，主要负责的施工内容包括但不限于：停车场、生态花海、生态迷宫、都市农业和生态覆绿等，涉及园建、绿化、给排水等工程（图 1 ～图 23）。工程自 2019 年 1 月 18 日开工，至 2019 年 5 月 8 日竣工，历时 110 日历天。

图 4　工程局部景观（生态迷宫 3）

图 5　工程局部景观（生态花海 2）

图 6　工程局部景观（生态花海 3）

图 7　工程局部景观（生态花海 4）

图 8　工程局部景观（生态花海 5）

图 9　工程局部景观（生态花海 6）

图 10　工程局部景观（生态花海 7）

图 11　工程局部景观（生态花海 8）

图 12　工程局部景观（生态花海 9）

图 13　工程局部景观（生态花海 10）

图 14　工程局部景观（生态花海 11）

图 15　工程局部景观（生态花海 12）

图 16　工程局部景观（生态花海 13）

图 17　工程局部景观（生态花海 14）

图 18　工程局部景观（生态花海 15）

图 19　工程局部景观（生态花海、P1 停车场）

图 20　工程局部景观（P1 停车场）

图 21　工程局部景观（P2 停车场）

二、工程理念

坝光位于大鹏半岛东北部大亚湾畔，东与惠州港荃湾港区隔海相望，南与大鹏办事处毗邻，西距葵涌中心区约 15 公里，北与惠州市接壤。深圳国际生物谷坝光核心启动区作为全市 17 个重点区域之一，被列入深圳建设国家自主创新示范区范围，享受中关村科技园区相关扶持政策；是省委省政府确定的“广深港澳科技创新走廊”十大创新平台之一，是深圳最后一片成片规划、成片开发的未来产业区域，是深圳生物医药、生命健康、海洋等新兴产业的重要布局点，致力于打造极具山海特色的绿色生态湾区和比肩全球高度的生命科学小城。未来十余年坝光将是一个陆续开发、热火朝天的大工地，坝光的建设理念是融山海生态、乐享生活、自然教育、休闲娱乐等于一体，以桃源的理想人居、大招秘境坝光，使坝光山海秘境的魅力让市民不间断共享。

图 22　工程局部景观（足球场）

图 23　工程局部景观（边坡）

三、工程的重点及难点

本项目中花海展示区、停车场出入口是工程的关键部位，施工是否顺畅直接影响到整个工程的验收情况。花海展示区是整个项目的核心，其最终效果是评判项目实施好坏的重要指标，故花海展示区、停车场是本项目的重点。

本项目牵涉地块多达 22 处，每块地块情况不一，施工时有些已经具备施工条件，有些还正处于土体工程场土方平衡施工中，各地块涉及单位众多，协调关系任务艰巨，因此施工时与各方单位的协调工作是本项目的一个难点。

因本项目各施工区域均为临时地块，所建园林绿化也为临时工程，各地块永久性建筑因素不定，现场排水多为临时过渡方案，故本工程所建排水设施功能受条件所限，与现状排水系统的有效结合是本项目的另一个难点。

四、新技术、新材料、新工艺的应用

1. 公司自有专利技术的应用

（1）一种市政园林用幼苗移植器

专利号：ZL 201620420424.8

类型：实用新型专利

应用：园林中幼苗往往集中培育，当幼苗足够栽种时，需要将各幼苗连同幼苗底部的泥土一起移植至其他种植区，这样会降低幼苗的存活率，因此需要使用到移植器，通过定位板横向插入泥土内，在搬运过程中不会出现泥块滑落的情况，实现快速搬运，提高了种植效率和存活率。

（2）一种市政园林绿化砖

专利号：ZL 201620420421.4

类型：实用新型专利

应用：现有技术中园林绿化砖使用较久后，砖体容易松动，雨天时雨水容易进入到松动的砖体缝隙内，加之砖体的防滑措施做得也不够。我们对此进行了改良，通过在砖面上设置一挡板，可有效起到防滑的作用；本实用新型专利设置了连接段，因此不会因为砖体之间松动出现砖头内的积水上溅打湿鞋子的情况，设计新颖，易于引流，便于渗透。

（3）土壤盐碱化动态监测大数据分析软件V1.0

登记号：2019SR0481126

类型：计算机软件著作权

应用：软件采用三层的开发技术进行开发，因此极大地避免了故障出现。使用方便、传输能力强和通信距离远等一系列优势使本项目施工中土壤改良所面临的动态监测难题得以解决。

2. 客土喷播技术的应用

这项技术施工效率高，可满足大面积快速绿化的需要。绿化效果好，喷播物能在土壤表面形成一层膜状结构，有效地防止雨水冲刷、避免种子流失，因此所建立的植被均匀整齐，视觉效果好。